よくわかる！

管工事
施工管理技術
検定試験

2級

一次・二次

種子永修一【編著】

JN021740

弘 文 社

重要 **重要マークについて**

小見出しの横にあるこのマークは，そこに記載されている内容の重
要度をしめすものである。それぞれに 1〜3 個付していますが，そ
の数が多い程重要度が高いという意味である。これを参考に効果的
な学習に役立てていただきたい。

まえがき

検定制度の主な改正点（技士補の創設）

　本検定は建設業法の試験制度改正によって，令和3年度より従来の学科試験，実地試験から**第一次検定，第二次検定**へと再編されています。

　2級の第一次検定は，17歳以上実務経験なしで受検でき，合格者には生涯有効な資格として**「2級管工事施工管理技士補」**の称号が与えられます。これにより，第二次検定の受検資格は<u>無期限に有効</u>となり，所定の実務経験後は何度でも第二次検定からの受検が可能となりました。

　またこの2級第二次検定に合格して**「2級管工事施工管理技士」**となれば，その後の<u>1級受検に必要な実務経験を経ることなく，すぐに1級管工事施工管理の第一次検定</u>まで受検することができます。

　合格すれば**「1級管工事施工管理技士補」**の称号を得て，**監理技術者補佐**として重要な役割を担えるようになります（監理技術者補佐を専任で置いた場合，その現場の監理技術者（特例監理技術者という）は2現場の兼務が可能）。

　その後，一定の実務経験を経て1級第二次検定に合格すれば，**「1級管工事施工管理技士」**の称号を手にすることができます。

　このように段階を踏んでいくことで，より多くの方に資格取得の機会が増えたと言えるでしょう。

　しかし2級管工事施工管理技術検定試験は，出題範囲が広く，かなりむずかしい問題も多く出題されるため，難関を突破して栄冠を勝ち取るのは容易ではありません。

　この「よくわかる！2級管工事施工管理技術検定試験　一次・二次」は，膨大な学習内容を整理して出題頻度の高い項目を抽出することにより，比較的短期間で合格点が得られるよう，工夫して編集したものです。

　出題内容を次のページに掲載しましたが，本書はこの出題内容に合わせて，わかりやすい解説と豊富な演習問題で編成してあるので，本書を十分マスターすれば，百点満点は無理としても，合格点は必ず取れると確信しています。

　また巻末の模擬試験問題は，**新検定制度の問題**ですので，学習の総仕上げとして活用して下さい。

　本書を大いに活用して，難関を突破し，栄冠を勝ち取られるよう祈ってやみません。

著者しるす

試験問題内容（推定）(2021 年より技術検定試験制度が改正されました)

第一次検定は午前の 2 時間 10 分　　　　　　第二次検定は午後の 2 時間

区 分	大分類	小分類	出題数		解答数
第一次	一 般 基 礎	環境工学	2	4	必須
		流体工学	1		
		熱工学	1		
	電 気 工 学		1	1	必須
	建 築 学		1	1	必須
	空 調	空気調和	3	17	選択 17 問中 9 問を選択 （余分に解答すれば減点対象となる。）
		冷暖房	2		
		換気・排煙	3		
	衛 生	上下水道	2		
		給水・給湯	2		
		排水・通気	2		
		消火設備	1		
		ガス設備	1		
		浄化槽	1		
	設 備 関 連	機材	2	4	必須
		配管・ダクト	2		
	設 計 図 書		1	1	必須
	施工管理法 （ 知 識 ）	施工計画	1	10	選択 10 問中 8 問を選択 （余分に解答すれば減点対象となる。）
		工程管理	1		
		品質管理	1		
		安全管理	1		
		工事施工 機器の据付・調整	1		
		工事施工 配管・ダクト	2		
		工事施工 その他	3		
	法 規	労働安全衛生法	1	10	選択 10 問中 8 問を選択 （余分に解答すれば減点対象となる。）
		労働基準法	1		
		建築基準法	2		
		建設業法	2		
		消防法	1		
		その他	3		
	施工管理法 （ 能 力 ）	工程管理	1	4	必須 ここだけ 4 肢択二式
		工事施工 機器の据付・調整	1		
		工事施工 配管・ダクト	2		
	計		52		40 問解答
第二次	設 備 全 般		1		必須
	工 事 施 工		2		選択
	工 程 管 理 ・ 法 規		2		選択
	施 工 経 験 記 述		1		必須
	計		6		4 問解答

第一次検定は（能力）の 4 問以外は 4 肢択一式。第二次検定は記述式。
合格基準については，第一次・第二次ともが 60 % 以上の正解率。

4　試験問題内容（推定）

目　　次

第1章　一般基礎

第2章　空調設備

第3章　衛生設備

第4章　電気設備

第5章　建築構造

第7章　施工管理

第8章　工事施工

第9章　法規

第10章　第一次検定模擬試験

第11章　第二次検定対策

受検案内

はじめに

　「2級管工事施工管理技術検定試験」は，管工事に携わる施工管理技術者の技術向上を図ることを目的とし，建設業法第27条の2の規定に基づき，国土交通大臣より指定を受けた一般財団法人全国建設研修センターが実施しています。

　第一次検定及び第二次検定によって行われ，第一次検定合格者は**「2級管工事施工管理技士補」**，第二次検定合格者は**「2級管工事施工管理技士」**の称号を得ます。2級管工事施工管理技士は，建設業法に定められた営業所の専任技術者，工事現場の主任技術者になれます。

1　受検資格

⑴　**第一次検定　受検資格**
　受検する年度の末日における年齢が17歳以上の者

⑵　**第二次検定　受検資格**
　イ．第一次検定の合格者で，次のいずれかに該当する者

学歴又は資格	実務経験年数	
	指定学科の卒業者	指定学科以外の卒業者
大学 専門学校（「高度専門士」に限る）	卒業後1年以上	卒業後1年6ヶ月以上
短期大学 高等専門学校 専門学校（「専門士」に限る）	卒業後2年以上	卒業後3年以上
高等学校 中等教育学校 専門学校（「高度専門士「専門士」を除く」）	卒業後3年以上	卒業後4年6ヶ月以上
その他の者	8年以上	
技能検定合格者	4年以上	

※1　指定学科とは，土木工学，都市工学，衛生工学，電気工学，電気通信工学，機械工学又は建築学に関する学科をいいます。
※2　技能検定合格者とは，職業能力開発促進法による技能検定のうち，検定職種を1級の「配管」（選択科目を「建築配管作業」とするものに限る。）又は2級の「配管」に合格した者をいいます。
※3　実務経験年数は，2級第二次検定の前日までで計算してください。
※4　高等学校の指定学科以外を卒業した者には，高等学校卒業程度認定試験規則による試験，旧大学入学試験検定規則による検定，旧専門学校入学者検定規則による検定又は旧高等学校高等科入学資格試験規定による試験に合格した者を含みます。
　ロ．第一次検定免除者
　　1）令和2年度2級管工事施工管理技術検定　学科及び実地同日試験の学科試験合格者
　　2）平成28年度以降の学科試験のみを受検し合格した者で，⑵イのうち第一次検定の合格を除く2級管工事施工管理技術検定・第二次検定の受検資格を有する者
　　3）その他にも細かな指定がありますので，詳しくは（一財）全国建設研修センターホームページで確認してください。

1.　申込受付期間

| 「第一次検定（前期）」 | 「第一次・第二次検定，第一次検定（後期）」 |
| 3月上旬〜3月中旬頃 | 7月中旬〜7月下旬 |

※再受検申込の場合は，インターネットでの受検申込が可能です。

2.　申込用紙の販売

申込用紙は，「第一次・第二次検定」，「第一次検定のみ（前期）」，「第一次検定のみ（後期）」，「第二次検定のみ」の4種類があり1部600円です。

| 「第一次検定（前期）」 | 「第一次・第二次検定，第一次検定（後期）」 |
| 2月中旬〜 | 6月下旬〜 |

※窓口では【申込受付期間】の"最終日"まで販売しています。

3.　試験日及び合格発表日

「第一次検定（前期）」
試験日：6月上旬
合格発表日：7月上旬ごろ

「第一次・第二次検定，第一次検定（後期）」
試験日：11月中旬ごろ
合格発表日：
・第一次検定（後期）
　1月中旬ごろ
・第一次・第二次検定
　2月下旬〜3月上旬ごろ

詳しくは下記（一財）全国建設研修センターホームページでご確認ください。

| 一般財団法人 全国建設研修センター 試験業務局管工事試験部管工事試験課 |
| 〒187-8540　東京都小平市喜平町2-1-2 |
| 電話　　　042-300-6855 ㈹ |
| URL　　　http://www.jctc.jp/ |

※日程等は変更されることがあります。必ず事前に各自で確認してください。

第1章 一般基礎

1 環境工学

1. 気 象

ⓐ 空気の組成

1. 容積比（％）で窒素約78　酸素約21　アルゴン約0.9　炭酸ガス約0.03
2. 空気を1とした比重では，窒素0.97　酸素1.11　アルゴン1.38　炭酸ガス1.53で，炭酸ガスは空気の約1.5倍重い。

ⓑ 日照，日射

1. 直達日射とは，大気を透過して直接地表に達する日射をいう。
2. 天空日射（又は天空放射，天空ふく射）とは，大気中の微粒子によって乱反射し間接的に地表に達する日射をいう。
3. 直達日射量と天空日射量を合わせて全天日射量という。
4. 日射のエネルギー量は赤外線域が最も多く，次に可視光線域が多いが紫外線域は比較的少ない。
5. $日照率 = \dfrac{日照時間（実際に日照のあった時間）}{可照時間（日の出から日没までの時間）} \times 100 〔％〕$

ⓒ 気象用語

1. 月平均気温とは，日平均気温を1か月にわたって平均した気温。
2. 日平均気温とは，1日数回測定した気温の平均値。
3. クリモグラフは気候図ともいい，例えば横軸に湿度（％），縦軸に気温（℃）を取ったグラフ上に，各地域や各都市の各月の平均気温と平均湿度を求め，その交点を結んでループを作り，それぞれの地域の年間の気象の移り変わりの特色を知るために作られる。
4. デグリーデとは，1日の室内平均温度と外気平均温度との差を求め，暖房又は冷房の期間中を通じて集計した値で，暖房期は暖房デグリーデ，冷房期は冷房デグリーデといい，暖房や冷房に要する年間エネルギーを見積もるために用いる指数で，単位は〔℃ day〕で表す。

ⓓ 気象観測機材

1. 百葉箱とは，外気の温度や湿度を測定する場合に，太陽の直射の影響がないよう周囲に通気口を設けた屋根付木箱で，地表上 1.2〜1.5 m の位置に設置し，その中に温湿度計又は自記録温湿度計などを置いて観測するのに用いる。

演習問題 1

気象に関する次の記述のうち，不適当なものはどれか。

(1) 月平均気温とは日平均気温を 1 か月にわたって平均した気温をいう。

(2) 日射エネルギーは，紫外線域よりも赤外線域の方が多い。

(3) 空気中に占める窒素の割合は，容積比率で約 69 % である。

(4) クリモグラフから地域の季節による気象の特色を知ることができる。

解答 **解説** ┄┄┄┄┄┄┄┄┄┄┄┄┄┄┄┄┄┄┄┄┄┄┄┄┄┄┄┄┄┄┄

(3) 空気中に占める窒素の割合は，容積比率で約 78 % である。

2. 室内空気環境

ⓐ 室内空気環境基準

① 浮遊粉塵　0.15 mg／m³ 以下（対称粒子径 10 ミクロン以下）

② CO_2　　1,000 ppm（0.1 %）以下

③ CO　　　10 ppm（0.001 %）以下

④ 気温　　　17 ℃以上 28 ℃以下

　　　　　　冷房時は外気との温度差 7 ℃以内

⑤ 相対湿度　40 %以上 70 %以下

⑥ 気流　　　0.5 m／秒以下

演習問題 2

次の指標のうち，室内空気環境と関係のないものはどれか。

(1) 新有効温度（ET*）

(2) 揮発性有機化合物（VOCs）濃度

(3) 化学的酸素要求量（COD）

(4) 作用温度（OT）

(3) 化学的酸素要求量（COD）は，水質汚濁の指標で，汚濁水を酸化剤で化学的に酸化させて，消費した酸化剤の量を測定して酸素量に換算して求める。

ⓑ 測定器

① 相対沈降径がおおむね10ミクロン以下の浮遊粉塵を測定できるもので，0.3ミクロンのステアリン酸粒子を99.9％以上捕集する性能と同等以上の性能を有するもの
② 一酸化炭素及び炭酸ガスは検知管方式による検定器，又は，それと同等以上の性能を有するもの
③ 気温及び相対湿度は0.5度以下の目盛の通風式温度計
④ 気流は0.2 m／秒以上の測定可能な風速計

ⓒ 評価の方法

① 平均値‥‥‥浮遊粉塵，一酸化炭素，炭酸ガス
② 瞬時値‥‥‥気温，相対湿度，気流（平均値ではない）

ⓓ 測定回数

始業後，終業前，その中間，の1日3回

ⓔ 測定位置

床上75 cm以上120 cm以下の位置（測定台車使用）

ⓕ 測定場所

① 居室の中央付近，各階1ヶ所以上
② おおむね500 m²に1ヶ所

演習問題3

空気環境に関する記述のうち，適当でないものはどれか。
(1) 室内空気中の二酸化炭素の許容濃度は，一酸化炭素より高い。
(2) 二酸化炭素の密度は，空気より小さい。

(3) 臭気は，二酸化炭素と同じように室内空気の汚染を知る指標とされている。

(4) 浮遊粉じん量は，室内空気の汚染度を示す指標である。

解答 解説 ------------------------------------

(2) 空気は $1.2\,\mathrm{kg/m^3}$ であり，二酸化炭素はそれより大きい。一酸化炭素は空気より小さい。

3. 環境基本法，大気汚染防止法，水質汚濁防止法

ⓐ 公害法の性格

① 国民の健康保持と生活環境の保全を目的としている。

② 環境基本法は，広範囲の地域の環境保持が目的で総量規制による努力目標の性格を有する。（環境基準）

③ 大気汚染防止法は特定発生源の規制が目的（排出基準）

④ 水質汚濁防止法は特定発生源の規制が目的（排出基準）

ⓑ 公害の定義

① 事業活動その他，人の活動に伴って生ずる相当範囲にわたり人の健康又は生活環境に係る被害が生ずるもの。

② 大気汚染，水質汚濁，土壌汚染，騒音，振動，地盤沈下，悪臭の7項目

4. 廃棄物

ⓐ 廃棄物の定義

廃棄物とは，ごみ，粗大ごみ，燃えがら，汚泥，糞尿，廃油，廃酸，廃アルカリ，動物の死体その他の汚物又は不要物であって，固形状又は液状のものをいう（※建設発生土は廃棄物ではない）。

ⓑ 産業廃棄物

1. 事業活動に伴って排出される廃棄物をいう。

2. 該当例として，燃えがら，汚泥，廃油，廃酸，廃アルカリ，廃プラス

チック，出版業の紙くず，畜産農業に係る動物の死体，公共下水道の終末処理場から排出される汚泥，などがある。

3. 事務所ビルの排水槽からの汚泥（し尿を含まないもの）は産業廃棄物である。

4. 事業者は，その事業活動によって生じた廃棄物を自らの責任において適正に処理しなければならない。

ⓒ 一般廃棄物

1. 産業廃棄物以外の廃棄物を言う。

2. 該当例として，一般家庭から排出されるごみ，乾電池，紙くず，し尿，ホテルやレストランからの多量の厨芥や事務所からのコピー紙くずなどがある。

3. 事務所ビルのし尿浄化槽から排出される汚泥（し尿を含むもの）は一般廃棄物である。

4. 土地又は建物の占有者は，市町村の行う一般廃棄物の収集，運搬及び処理に協力しなければならない。

ⓓ 廃棄物除外物質

放射性物質，及びこれによって汚染されたものは廃棄物から除外される。

ⓔ 廃棄物の処理

1. 市町村は，一般廃棄物を収集，運搬，処分しなければならない。

2. 市町村が一般廃棄物の処理計画を定めている区域内の建物の占有者は，自ら処分しない一般廃棄物については，市町村が行う収集，運搬及び処分に協力しなければならない。

ⓕ 廃棄物処理業

1. 市町村による一般廃棄物の処理業の許可は，市町村による一般廃棄物の収集，運搬及び処理が困難である場合でなければ与えられない。

2. 産業廃棄物の収集，運搬又は処分を業として行おうとする者は，事業を行おうとする区域を管轄する都道府県知事の許可を受けなければならない。

3. 一般廃棄物処理業者は市町村長の許可が必要。

演習問題4

廃棄物の処理に関する記述のうち,「廃棄物の処理及び清掃に関する法律」上,誤っているものはどれか。

(1) 産業廃棄物管理票(マニフェスト)は,産業廃棄物の種類ごとに交付しなければならない。

(2) 事業活動に伴って生じた廃棄物は,事業者が自らの責任において処理しなければならない。

(3) 建設業に係る工作物の新築に伴って生じた建設残土は,一般廃棄物である。

(4) 建設業に係る工作物の除去に伴って生じた繊維くずは,産業廃棄物である。

解答 解説

(3) 建設残土は,リサイクル法上の指定副産物であり,廃棄物ではない。

演習問題5

建設資材廃棄物の再資源化等に関する文中,□□内に当てはまる数値及び語句の組合せとして,「建設工事に係る資材の再資源化等に関する法律」上,正しいものはどれか。

床面積の合計が □A□ m² 以上の建築工事の新築に伴って副次的に生じた特定建設資材廃棄物は,再資源化等をしなければならない。

なお,特定建設資材とは,コンクリート,コンクリート及び鉄から成る建設資材,□B□ 及びアスファルト・コンクリートである。

	(A)	(B)
(1)	50	プラスチック
(2)	50	木材
(3)	500	プラスチック
(4)	500	木材

解答 解説

(4) 「建設工事に係る資材の再資源化等に関する法律」(建設リサイクル法)は,床面積500 m² 以上の建築物の新築・増築の場合は,分別解体が義務付けられる工事の規模であり,再生プラント等で再資源化等が実施される。特定建設資材には,木材を含めた,4品目が規定されている。

5. 下水道の管理

ⓐ 除外対象項目

1. 除害対象項目と放流限度
   ① 温度（45 ℃以上のもの）
   ② 水素イオン濃度（pH 5 以下又は 9 以上のもの）
   ③ 沃素消費量（1 ℓ につき 220 mg 以上のもの）
   ④ ノルマルヘキサン抽出物質含有量（含有量が一定以上の場合）
   ⑤ 浮遊物質量
   ⑥ 生物化学的酸素要求量（BOD）
2. 除害項目対象外・・・・陰イオン界面活性剤

6. 人体生理

ⓐ 恒常性

1. 脈拍平時 70／分位
2. 血液検査値
   ① pH————pH 7.3〜7.4
   ② 赤血球——500×10^4／mm^3
   ③ 白血球——50×10^2／mm^3
   ④ ヘモグロビン——15 g／dℓ
   ⑤ 血糖——食前 100 mg／dℓ，食後 130 mg／dℓ

ⓑ 体温調節

1. 体温の恒常性を維持するためには，体内の産熱と体外への放熱とのバランスを保つ必要がある。
2. 産熱は，主として筋肉や肝臓で行われる。
3. 放熱は，主に皮ふや呼吸器を介して行われる。
4. 皮ふからの蒸発は，常温では不感蒸泄によるが，高温では発汗による。

ⓒ 環境適応

1. 熱帯地方に住む住民は，発汗に関与する汗腺の数が多い。

2. 高地の住民の赤血球数は，平地の住民より多い。

演習問題 6

身体機能の恒常性に関する次の記述のうち，不適当なものはどれか。

(1) 人間に限らず大部分の生物では，血液や組織液の成分は，ほぼ一定の量に保たれている。

(2) 血液の pH は，健康人であれば 5.5〜8.5 の間にあり，せまい範囲で安定している。

(3) 血糖は食事や運動によって増加するが，安静にしていれば元の値にもどる。

(4) 呼吸数は 1 分間に約 17 回が成人の生理機能の正常値とされている。

解答 解説 -

(2) 血液の pH は，健康人で通常 7.3〜7.4 の間。

7. 色，光

ⓐ 色彩心理効果

1. 明るい色の物体は膨張して見える。（面積効果）
2. 赤や黄は暖かく青や緑は冷たく感じる。（寒暖効果）
3. 暖色は近づいて見える。（進出色）
4. 寒色は遠ざかって見える。（後退色）
5. 明るい色は軽く，暗い色は重く感じる。また寒色は暖色より重く感じる。（軽重効果）
6. 柱を寒色で塗装すると柱が細く見え，そのため部屋が広く見える。

演習問題 7

色彩の心理効果に関する次の記述のうち，不適当なものはどれか。

(1) 明るい色の物体は膨張して見える。

(2) 寒色は遠ざかって見え，暖色は近づいて見える。

(3) 寒色は暖色よりも軽く感じることを色の軽重効果という。

(4) 赤や黄は暖かく，青や緑は冷たく感じる。

(3) 暖色は寒色よりも軽く感じる（記述が逆）

ⓑ 色彩用語

1. 彩度とは，色のあざやかさの度合いをいい，無彩色（白，灰，黒）の0から純色（赤）の14まである。（記号 C）
2. 明度とは明るさの大小（色の反射率）をいい，純黒の0から純白の10までの11段階に分けている。（記号 V）
3. 色相とは波長差による色あいをいう。（記号 H）

ⓒ マンセル表示法

マンセル表示法とは，色相，明度，彩度の順に並べて示す方法をいう。
（表示法　H・V／C）

ⓓ 誘導標識

① 緑————安全，進行，救急，避難口誘導灯
② 赤————危険，停止，消火器
③ 赤紫————放射能
④ 黄と黒———注意

ⓔ 配管識別

① 蒸気————暗い赤色
② 水————青色
③ 油————暗いオレンジ色
④ 電気————薄いオレンジ色
⑤ 空気————白色

ⓕ 光の波長（単位 nm ナノメーター）と人体への影響

紫外線 ← 紫 → 可視光線 ← 赤 → 赤外線

200————280————310————380————555————780————

殺菌作用　日焼（紅斑）　光化学スモッグ　　比視感度最高　　　熱作用

g 必要照度の概略値（単位ルクス）

事務室————————300～1,500　　タイプ作業室————————750～2,000

製図室————————300～1,500　　会議室————————300～ 750

講堂————————150～ 300　　休養室———————— 75～ 150

工場の検査室——300～1,500　　非常階段———————— 30～ 75

8. 音

a 聴覚と周波数

1. 人間の耳の可聴範囲は約 20 Hz から 15 kHz ないし 20 kHz である。
2. 健康な耳の聴覚が最も鋭敏な周波数は 2,000～5,000 Hz である。
3. 騒音性難聴の起こりやすい周波数は 4,000 Hz。
4. 音声として主に使われる周波数は 100～4,000 Hz。

b S／N比

1. S／N 比とは聞きたい音と騒音とのレベル差をいう。
2. S／N 比が 10 dB 以上あれば，その音は聞きやすい。

c 音速

1. 音が空気中を伝わる速さ（音速）は，気温が高くなるほど速くなる。
2. 気温 15℃における音速は約 340 m／s
3. 温度による音速上昇率は 0.6 m／℃

d 遮音

1. 音の周波数が大きいほど，一般に遮音性能を表す透過損失は大きい。
2. 外壁の単位面積当たりの重量が大きいほど有効。

e 騒音計

1. 騒音計で測定した騒音レベルは，物理的騒音の大きさを感覚的な大きさに騒音計の中で置きかえている。
2. 騒音レベルは指示騒音計で測定した音圧レベルをいい，単位にホン又はdB を用いる。

3. 騒音計は A，B，C の 3 特性に分けられており，A 特性は人の聴感曲線に近似した周波数をもつ。
4. 騒音は騒音計のツマミを A に合わせて測定する。

演習問題 8

音に関する次の記述のうち，誤っているものはどれか。

(1) 騒音計には，つまみの切り替えが A・B・C の 3 つあり，通常 C に合わせて測定する。
(2) 健康な耳の聴覚が最も鋭敏な周波数は 2,000〜5,000〔Hz〕である。
(3) 周波数が 20〔Hz〕以下の音を超低周波音といい，音として聞こえないが，肩こり，どうき，息切れ，頭痛などの原因となる。
(4) 普通の会話の大きさは，55〜60〔dB〕（ホン）ぐらいである。

解答 解説

(1) 騒音計のつまみは，通常 A に合わせて測定する。

9. 室内空気汚染 重要

ⓐ 汚染物質と発生源

① CO ———————————— 開放式燃焼器具
② NOx ——————————— 開放式燃焼器具
③ ホルムアルデヒド ———————— 建材
④ ニコチン ————————————— タバコ
⑤ オゾン（O_3）————————— 事務用複写機
⑥ VOC（揮発性有機化合物）—— カーペット洗剤残渣
⑦ アスベスト ———————————— 防火断熱材

ⓑ 浮遊粉塵落下細菌

1. 直径 2〜4 ミクロンぐらいの粉塵は肺胞での沈着率が高い。
2. 浮遊微生物には細菌，ウイルス，カビなどを含む。
3. ダニやその死がいは，気管支ぜんそくなどのアレルギーの原因となる場合がある。

ⓒ CO_2（炭酸ガス）

1. CO_2は体内で栄養分が酸化されることによって発生する。
2. 呼気中のCO_2は安静時に約4万 ppm（4％）であり，体の動きが激しくなるにつれて増加する。
3. 清浄な外気中のCO_2はおよそ 300 ppm（0.03％）である。
4. 室内のCO_2濃度は，空気の清浄度の指標の一つとされている。
   （許容値 1,000 ppm ＝ 0.1％）
5. 体内で発生したCO_2は静脈血によって肺に運ばれ呼気とともに排泄される。

2　流体工学

1. 気体の性質

ⓐ　ボイルの法則

気体の温度が一定のとき，一定量の気体の体積は圧力に反比例する。つまり，気体の温度が一定であれば，気体の体積と気体の圧力を乗じた値は常に一定である。この原理をボイルの法則という。

いま，P ＝ 気体の圧力　V ＝ 気体の体積　とすると次の関係が成り立つ。なお，R, K ＝ 定数　T ＝ 温度（一定）とする。

$PV = K = $ 一定　　　$PV = RT$

ⓑ　気体の膨張率

気体は，その種類に関係なくすべて，温度が1℃上昇するごとに273分の1づつ膨張する。

2. 液体の性質

ⓐ　パスカルの原理

密閉された容器内の液体に圧力を加えると，圧力は増減なくいたるところに一様に伝わる。この原理をパスカルの原理という。

ⓑ　アルキメデスの原理

液体の中にある物体は，その排除した液体の重量だけ軽くなる。この原理をアルキメデスの原理という。

ⓒ　管内流速

管内を流れる液体の流量が一定の場合，流速と管の断面積との積は常に一定である。

なお，計算式を立てる場合，注意すべきこととして，単位がまちまちであ

るときは，まず単位を揃えなければならない。

演習問題9

内径200〔mm〕の配管内を平均流速0.5〔m／分〕で水が流れていると
きの流量として，次のうち正しいものはどれか。

(1)　12.5〔ℓ／分〕

(2)　15.7〔ℓ／分〕

(3)　18.2〔ℓ／分〕

(4)　21.8〔ℓ／分〕

解答 解説

$$
(2)\quad \underbrace{(20／2)^2×3.14}_{断面積}×\overbrace{50}^{平均流速}÷1,000 = 15.7〔ℓ／分〕 \quad \left(\begin{array}{l}1,000\,ℓ\ = 1\mathrm{m}^3 \\ 1\,ℓ\ に換算している。\end{array}\right)
$$

ⓓ　ベルヌーイの定理

流体の圧力（圧力水頭），速度（速度水頭），位置（位置水頭）のエネル
ギーの総和は一定である。

これをベルヌーイの定理と称し，次の式で示される。

圧力水頭＋速度水頭＋位置水頭 ＝ 一定

このうち速度水頭は $H = v^2／2g$〔m〕で表わされる。

vは流速〔m／s〕，gは重力の加速度〔m／s^2〕を示す。

ⓔ　流体の摩擦損失

流体の摩擦損失（水頭）は，次の式で示される。

$$
H = \lambda \frac{ℓ}{d} \cdot \frac{v^2}{2g}
$$

この公式からも分かるように，流体の摩擦損失は，管の長さ（ℓ）と流速
（v）の2乗に比例し，管の内径（d）に反比例する。なお，λは流体の摩擦
係数を示す。

演習問題 10

　ベルヌーイの定理を表わす式として，次のうち正しいものはどれか。

(1) 全水頭 ＝ 速度水頭＋圧力水頭－位置水頭

(2) 全水頭 ＝ 位置水頭－速度水頭＋圧力水頭

(3) 全水頭 ＝ 位置水頭＋速度水頭＋圧力水頭

(4) 全水頭 ＝ 位置水頭－圧力水頭－速度水頭

解答 解説 ··

(3) 全水頭 ＝ 全部の水頭の合計

演習問題 11

　管路を流れる液体の摩擦損失水頭について，誤っているものはどれか。

(1) 流体の密度に比例する。

(2) 流体の流速の 2 乗に比例する。

(3) 管路の断面積に比例する。

(4) 管路の長さに比例する。

解答 解説 ··

(3) 流体の摩擦損失水頭は，管路の断面積に反比例する。

3. 流体の作用

ⓐ 水撃作用

　管路中の水の運動状態が急に変わると，大きな圧力変動をひき起こし，これが周期的に繰り返される作用を水撃作用（ウォーターハンマー）という。

ⓑ 空洞現象

　翼のあるポンプや水車などでは，水の圧力と温度との関係から，翼の表面で圧力や流速の変動により空洞が生じ，このため振動や騒音を発し，揚水性能等が低下する現象を生ずる。これを空洞現象（キャビテーション）といい，機器を損傷する原因となる。

4. 風 圧 重要

ⓐ ダクトの風圧は下図のようにして測定する。

ⓑ 全圧 = 静圧＋動圧の関係がある。

静圧　　　　　動圧　　　　　全圧

ⓒ 送風機の特性

同じ遠心送風機では，送風量は回転数に比例し，静圧は回転数の2乗に比例し，軸動力は回転数の3乗に比例する。

送風量　　$Q_1／Q_2 = N_1／N_2$

静圧　　　$P_1／P_2 = (N_1／N_2)^2$

軸動力　　$Kw_1／Kw_2 = (N_1／N_2)^3$

5. 圧 力  重要 重要

ⓐ **大気圧**

地球の周囲を取り巻いている空気の重みを大気圧といい，この大気の圧力は，およそ0.1 MPa（1 kg／cm^2）である。

ⓑ **標準気圧**

0℃における水銀柱760 mm の高さに相当する圧力を標準気圧といい，大気圧の基準になるが，圧力に換算すると0.1013 MPa（1.033 kg／cm^2）となる。

ⓒ **ゲージ圧力**

圧力計で計った圧力をゲージ圧力といい単位は MPa で表す。

ⓓ **絶対圧力**

ゲージ圧力に大気圧を加えた圧力を絶対圧力といい，MPa 絶対，または

MPaabs などと表わす。この場合，大気圧は 0.1 MPa として扱う。

ゲージ圧力について，次のうち正しいものはどれか。

(1)　ゲージ圧力 ＝ 絶対圧力
(2)　ゲージ圧力 ＝ 大気圧＋絶対圧力
(3)　ゲージ圧力 ＝ 大気圧－絶対圧力
(4)　ゲージ圧力 ＝ 絶対圧力－大気圧

解答 **解説** --

(4)　ゲージ圧力＋大気圧 ＝ 絶対圧力，ゲージ圧力 ＝ 絶対圧力－大気圧

3 熱工学

1. 蒸気の性質  重要 重要

ⓐ 蒸気の状態変化

大気圧のもとで，水が温度によって変化する状態を画くと次の図のように
なる。

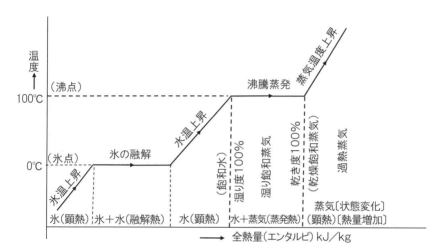

ⓑ 水の状態変化は圧力によって変わり，たとえば高い圧力では沸点も
高くなり圧力が低いと沸点も下がる。

このように，蒸気の圧力と温度との間には密接な関係があることから，水
が蒸発するときの温度をその圧力の飽和温度といい，水が蒸発するときの圧
力を，その温度の飽和圧力と呼んでいる。

ⓒ このほか，水と蒸気に関する用語には次のようなものがある。

① 飽和水 ─── 飽和温度に達しているときの水。

② 湿り飽和蒸気 ── 水分を含んでいる状態の蒸気。

③ 乾き飽和蒸気 ── 蒸気の中に水分を全く含んでいない状態の蒸気。

④ 乾き度 ─── 水が沸騰し始めたときを0とし，水がすべて蒸気と
なったときを100として，その間の湿り飽和蒸気中

に占める蒸気の割合を百分率で表した数値。

⑤　湿り度 ———— 100 から乾き度を引いた数値をいい，湿り飽和蒸気
　　　　　　　　　中に占める水分の割合を百分率で表した数値。

⑥　過熱蒸気 ———— 乾き飽和蒸気をさらに加熱して飽和温度以上となっ
　　　　　　　　　た蒸気。

ⓓ　蒸発熱

　100 ℃の水 1 kg を 100 ℃の蒸気にするのに要する熱量，つまり，水の蒸発の潜熱（略して蒸発熱）は 2,257 kJ/kg（539 kcal/kg），1 kcal ≒ 4.2 kJ とする。

演習問題 13

　下図は大気圧における水の温度とエンタルピの状態図である。これに関する次の記述のうち適当でないものはどれか。

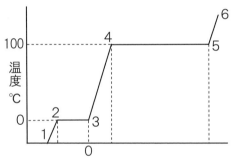

(1)　区間 2−3 は固体と液体の混合した状態で，融解熱は約 334.7〔kJ/kg〕である。

(2)　区間 3−4 は液体の状態で，点 4 の熱量は 420〔kJ/kg〕である。

(3)　区間 4−5 は湿り蒸気の状態で，蒸発熱は約 539〔kJ/kg〕である。

(4)　区間 5−6 は過熱蒸気の状態である。

解答 解説 --

(3)　539 は cal 単位。J 単位での蒸発熱は約 2,257 kJ/kg である。

ⓔ　融解熱

　一方，0 ℃の氷 1 kg を 0 ℃の水にするために要する熱量は 334 kJ（79.6 kcal）で，これを氷の融解の潜熱（略して融解熱）という。

❻ 例えば蒸気温度が 100 ℃で乾き度が 80 ％の湿り飽和蒸気の保有する潜熱は，次のようにして求める。

乾き度 80 ％の湿り飽和蒸気の保有する潜熱 = 2,257×0.8 = 1,805.6 kJ（539×0.8 = 4,312 kcal/kg）この湿り飽和蒸気の温度は 100 ℃であるので，420 kJ（100 kcal/kg）の顕熱も保有している。そこで，この湿り飽和蒸気の保有する全ての熱量，つまり全熱量（エンタルピ）は次のように計算される。

乾き度 80 ％の湿り飽和蒸気の保有する全熱量 1,805.6＋420 = 2,225.6 kJ（ = 431.2＋100 = 531.2 kcal／kg）

演習問題 14

40 ℃で 1 kg の水を 100 ℃で 1 kg の乾き度 90 ％の湿り飽和蒸気とするのに要する熱量の計算式として正しいものはどれか。（水の比熱 = 4.2 とする）

(1) $4.2×40+（420×0.9）= 546$ 〔kJ〕

(2) $4.2×（40+100）+（2,257×0.9）= 2,629.2$ 〔kJ〕

(3) $4.2×（100-40）+（2,257×0.9）= 2,293.2$ 〔kJ〕

(4) $4.2×（60×0.9）+（2,257×0.9）= 2,268$ 〔kJ〕

解答 解説 ------

(3) 顕熱 $（100-40）×4.2$ と潜熱 $（2,257×0.9）$ の和。

2. 比 熱

❶ 固体と液体の比熱

重量 1 kg の物質の温度を 1 ℃高めるのに要する熱量をその物質の比熱といい単位記号は〔kJ／（kg・K）〕で表す。

水の比熱は約 4.2，鉄の比熱は約 0.4 で，比熱の大きいものほど温まりにくく，さめにくい性質がある。

❷ 気体の比熱

気体の比熱には定圧比熱と定容比熱とがある。

① 定圧比熱

定圧比熱とは気体の圧力を一定に保ちながら，気体の温度を変化させた場合の気体の比熱をいう。

② 定容比熱

定容比熱とは，気体の容積を一定に保ちながら，気体の温度を変化させた場合の気体の比熱をいう。

演習問題 15

熱に関する次の記述のうち，誤っているものはどれか。

(1) 比熱の大きいものは，温まりにくく，冷めにくい。
(2) 固体や液体の比熱の単位は〔J／kg〕で表す。
(3) 気体の比熱には，定圧比熱と定容比熱とがある。
(4) 鉄と水とでは，水のほうが比熱が大きい。

解答 解説

(2) 固体や液体の比熱の単位は〔J／(kg・K)〕

3. 伝 熱

熱の伝わり方には，伝導，対流，放射の3種類がある。

ⓐ 伝導

鉄棒の一端を熱すると，他端が次第に熱くなるように固体を通して熱が伝わることを熱の伝導という。

ⓑ 対流

火にかけた鍋の水の温度が次第に上昇するのは，水の膨張による比重差によって起こる現象で，これを対流という。

ⓒ 放射（ふく射ともいう）

太陽熱が地球に達するように，空間を通して熱の伝わる現象を放射という。

演習問題 16

　熱に関する次の記述のうち，誤りはどれか。

(1)　熱は，伝導，対流，放射によって伝えられる。

(2)　加えた熱が，すべて温度変化として現れる熱を顕熱という。

(3)　加えた熱が，すべて物質の状態変化に費やされる熱を潜熱という。

(4)　製鉄所で，真赤に溶けた鉄の周辺にいると熱いのは熱の伝導による。

解答 解説 ┉┉┉┉┉┉┉┉┉┉┉┉┉┉┉┉┉┉┉┉┉┉┉┉┉┉┉┉┉┉┉┉┉

(4)　溶けた鉄の周辺にいると熱いのは熱の放射による。

問題1　炭酸ガスに関する次の記述のうち，正しいものには○を，誤っている
　　　ものには×を（　　）の中に記入しなさい。

（　　）(1)　炭酸ガスは無色無臭で，空気よりも重い。

（　　）(2)　人体の呼気における炭酸ガスの濃度は，およそ4万ppmであ
　　　　　　る。

（　　）(3)　清浄な大気中の炭酸ガスの濃度は，およそ300ppmである。

（　　）(4)　炭酸ガスの濃度は，一般に室内空気の汚染度の指標となる。

（　　）(5)　炭酸ガスの濃度は，フィルターを通せば下げることができる。

問題2　室内空気環境の基準値を，それぞれの枠の中に記入しなさい。

項目	基準値	単位
浮遊粉塵量	(1)	$mg／m^3$ 以下
炭酸ガス濃度	(2)	ppm 以下
一酸化炭素濃度	(3)	ppm 以下
気温	(4)　　～	℃
相対湿度	(5)　　～	％

問題3　流体に関する次の記述のうち，正しいものには○を，誤っているもの
　　　には×を（　　）の中に記入しなさい。

（　　）(1)　直管部の摩擦損失は，管の内径に比例する。

（　　）(2)　ウォーターハンマーは，弁を急閉した場合などに起こりやすい。

（　　）(3)　気体の膨張係数は，気体の種類によって異なる。

（　　）(4)　ダクトの風圧については，静圧＋動圧 ＝ 全圧　の関係がある。

（　　）(5)　絶対圧力 ＝ ゲージ圧力＋大気圧　の関係がある。

問題4　熱の移動に関する次の記述のうち，正しいものには○を，誤っている
　　　ものには×を（　　）の中に記入しなさい。

（　　）(1)　固体を通して熱が伝わる現象を熱伝導という。

（　　）(2)　熱の伝わり方には，伝導，対流，ふく射がある。

（　）(3)　比熱の大きいものほど，温まりやすく冷めやすい。
（　）(4)　ふく射による熱移動は，真空中では生じない。
（　）(5)　熱は，低温度の物体から高温度の物体へ自然には移動しない。

問題5　室内環境を表す指標として，関係のないものはどれか。
(1)　気流
(2)　予想平均申告（PMV）
(3)　平均放射温度
(4)　生物化学的酸素要求量（BOD）

問題6　ピトー管に関する文中，　　　　内に当てはまる用語の組合せとして，適当なものはどれか。

　　ピトー管は，全圧と　 A 　の差を測定する計器で，この測定値から　 B 　を算出することができる。

　　　　(A)　　　　　　(B)
(1)　静圧 ———————— 流速
(2)　静圧 ———————— 摩擦損失
(3)　動圧 ———————— 流速
(4)　動圧 ———————— 摩擦損失

問題7　流体に関する記述のうち，適当でないものはどれか。
(1)　レイノルズ数は，ウォーターハンマーの発生のしやすさの目安に用いられる。
(2)　流体の粘性による影響は，流体が接する壁面近くで顕著に現れる。
(3)　ピトー管は，流速の測定に用いられる。
(4)　液体は，気体に比べて圧縮しにくい。

問題8　水に関する記述のうち，適当でないものはどれか。
(1)　1気圧のもとで水が氷になると，その容積は約10％増加する。
(2)　1気圧のもとで水の温度を1℃上昇させるために必要な熱量は，約4.2 kJ/kg である。
(3)　pH は，水素イオン濃度の大小を表す指標である。
(4)　BOD は，水中に含まれる浮遊物質の量を示す指標である。

第1章　一般基礎

復習問題　37

問題9　水の性質に関する記述のうち，適当でないものはどれか。
- (1) 水は，空気に比べて圧縮しやすい。
- (2) 水の密度は，4℃付近で最大となる。
- (3) 水の粘性係数は，空気の粘性係数より大きい。
- (4) 水は，一般に，ニュートン流体として扱われる。

問題10　熱に関する記述のうち，適当でないものはどれか。
- (1) 熱が低温の物体から高温の物体へ自然に移ることはない。
- (2) 真空中では，熱放射による熱エネルギーの移動はない。
- (3) 0℃の氷が0℃の水になるために必要な熱は潜熱である。
- (4) 物体の温度を1℃上げるのに必要な熱量を熱容量という。

問題11　熱に関する記述のうち，適当でないものはどれか。
- (1) 気体の体積を一定に保って加熱すると，その圧力は高くなる。
- (2) 熱放射による熱移動には媒体を必要としない。
- (3) 0℃の氷を0℃の水に変化させるのに必要な熱は顕熱である。
- (4) 単位質量の物体の温度を1℃上げるのに必要な熱量を比熱という。

問題12　熱に関する記述のうち，適当でないものはどれか。
- (1) 物体の温度を1℃上げるのに必要な熱量を，熱容量という。
- (2) 気体では，定容比熱より定圧比熱の方が大きい。
- (3) 熱が低温の物体から高温の物体へ自然に移ることはない。
- (4) 気体を断熱圧縮しても，温度は変化しない。

復習問題　解答解説

問題1

(1) （○）

(2) （○）

(3) （○）

(4) （○）

(5) （×）炭酸ガスの濃度は，フィルターを通しても下げられない

問題2

(1) 0.15

(2) 1,000

(3) 10

(4) 17～28

(5) 40～70

問題3

(1) （×）管の内径に反比例する

(2) （○）

(3) （×）気体の種類に関係なく同一である

(4) （○）

(5) （○）

問題4

(1) （○）

(2) （○）

(3) （×）比熱の大きいものほど，温まりにくく冷めにくい

(4) （×）放射による熱移動は，太陽熱のように真空中でも生ずる

(5) （○）

問題5 (4) 生物化学的酸素要求量（BOD）は，水質汚濁の指標として用いられ，水中の腐敗性有機物質が，好気性微生物によって，分解される際に消費される水中の酸素量で示される。河川，下水等の水質汚濁の程度に用いられ，室内環境とは関係ない。

問題6 (1) ピトー管は，全圧と静圧の差（動圧）を測定する計器で，この測定値から流速を算出することができる。Aは静圧，Bは流速が入る。

問題7 (1) レイノルズ数は，慣性力を粘性力で割ったもので，流速と管内径

第1章　一般基礎

に正比例し，動粘性係数に反比例する。層流と乱流の判定にレイノルズ数が用いられる。

問題8 (4)　生物化学的酸素要求量（BOD）は，水質汚濁の指標として用いられ，水中の腐敗性有機物質が，好気性微生物によって，分解される際に消費される水中の酸素量で示される。水中に含まれる浮遊物質の量を示す指標は，SS（浮遊物質）で，水の汚濁度を視覚的に判断する指標として使用される。

問題9 (1)　水（液体）は圧縮率が小さく非圧縮性流体であり，空気（気体）は圧縮率が大きく圧縮性流体である。したがって，水は，空気に比べて圧縮しにくい。

問題10 (2)　熱放射（ふく射）による熱エネルギーの移動は，空気等の媒体は必要とせず，真空中でも生ずる。ふく射エネルギーは，ステファン・ボルツマンの法則により，絶対温度の4乗に比例する。

問題11 (3)　温度上昇を伴わない物体の状態変化のみに費やされる熱量は，潜熱である。顕熱は，物体の温度を上昇させるために費やされる熱量である。

問題12 (4)　気体を断熱圧縮すれば，温度は上昇する。体積が一定の時，圧力は絶対温度［K］（ケルビン）に比例する。（気体の体積は，絶対温度に比例する。）

第2章 空調設備

1 空 調

1. 湿り空気線図

ⓐ 湿り空気線図の構成要素

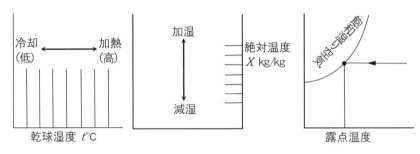

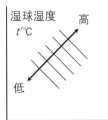

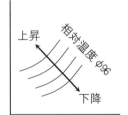

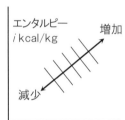

ⓑ 湿り空気線図の見方

次の① ② ③は，湿り空気線図の見方を3例示したものである。

① 全圧力 101.3 kPa，乾球温度 $t = 22$ ℃，湿球温度 $t' = 17$ ℃の空気を電気加熱器で 34 ℃に加熱したときの空気の相対湿度 ϕ は 30 ％である。

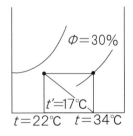

② 全圧力101.3kPa，乾球温度
30℃，湿球温度21℃の，湿り
空気の絶対湿度は0.012kg／
kg（DA），相対湿度は45％，
露点温度は17℃である。

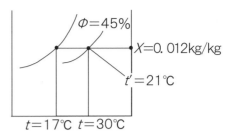

③ 全圧力101.3kPa，相対湿度
30％，乾球温度25℃の空気
40kg（DA）と，相対湿度
45％，乾球温度35℃の空気
60kg（DA）とを混合した空気
の乾球温度は31℃で，絶対湿度
は0.012kg／kg（DA）である。
（混合空気温度の計算式）

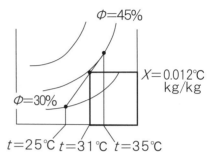

$$\frac{(25 \times 40) + (35 \times 60)}{(40 + 60)} = 31〔℃〕$$

ⓒ 乾き空気と飽和空気の関係

1. 乾き空気（水分を全く含まない空気）では，絶対湿度，相対湿度，飽和
   度，水蒸気分圧等は，すべて零である。
2. 空気調和に関する計算に用いる範囲の乾き空気の比熱は1.006kJ／kg℃
   で，比重量は1.2kg／m³としてよい。なお，空気の比熱と比重量との積
   は1.21〔kJ／（m³・℃）〕となる。
3. 飽和空気では乾球温度と湿球温度と露点温度は全部同じ値である。

ⓓ エンタルピ

1. エンタルピとは，湿り空気の持つ顕熱と潜熱を合計した全熱をいう。
2. 湿球温度一定の変化では，エンタルピは殆ど変化しない。
3. 加熱するとエンタルピは増加する。

ⓔ 相対湿度

ある湿り空気の水蒸気圧と，その時の空気温度での飽和水蒸気圧との比の
百分率を相対湿度という。

❶ 絶対湿度

湿り空気中の乾き空気の単位重量に対応する水蒸気の重量を絶対湿度という。

❷ 加湿

1. 蒸気噴射加湿ではおおよそ乾球温度一定で変化する。
2. 水噴霧加湿では，だいたい湿球温度一定の線に沿って変化する。

❸ 露点温度

1. 露点温度とは，湿り空気の水蒸気分圧と等しい水蒸気分圧をもつ飽和湿り空気の温度をいう。
2. 露点温度は絶対湿度一定の線を左に水平に延ばし，飽和空気線と交わった点の温度を指す。

2. 空気線図と空調機

空気線図上の位置と空調機内の位置関係を4例示す。（45，46ページ）

3. 空調熱負荷

❶ 冷房負荷

1. 冷房負荷の基本は室内負荷（人体負荷，機器負荷），外部負荷（外気負荷，通過熱負荷）等よりなる。
2. 窓ガラスを通過する太陽ふく射熱（顕熱・外部負荷）

（冷房）

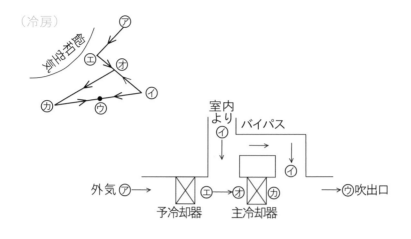

（暖房）

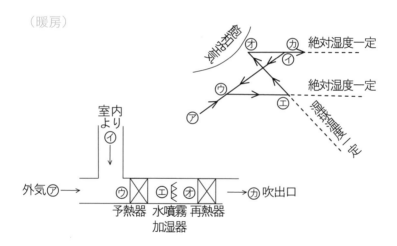

（冷房）

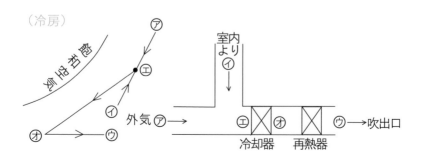

（暖房）

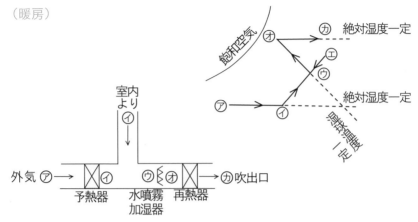

3. 室内外の温度差によって伝導する顕熱（外部負荷）

4. 室内において人体から発生する顕熱及び潜熱（室内負荷）

5. 窓サッシのすき間から侵入する外気の潜熱及び顕熱（外部負荷）

6. 照明，機器からの発熱（顕熱・室内負荷）

7. 外気の取入れ（顕熱と潜熱・外部負荷）

演習問題1

定風量単一ダクト方式における湿り空気線図上のプロセスに関する記述のうち，適当でないものはどれか。

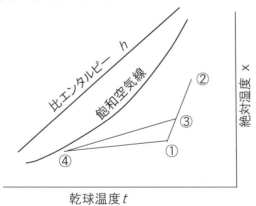

(1) 図は，冷房時の状態変化を示したものである。

(2) 室内空気の状態点は，①である。

(3) 導入外気の状態点は，②である。

(4)　空気調和機出口空気の状態点は，③である。

(4)　空気調和機出口空気の状態点は，④であり，③は，外気と室内空気の混合
　　状態で冷却器入口空気の状態点を示す。

❺　暖房負荷

　1.　上記冷房負荷の項の 3.5.7. が暖房負荷となる。
　2.　2.4.6. はマイナス負荷，つまり暖房負荷を軽減する要素である。

❻　人体発生熱（平均）

　　事務作業における平均的人体発生熱
　　　　顕熱 64.2 W ＋潜熱 58.3 W ＝ 122.5 W

4.　空気設計条件

一般事務室の各部空気設計条件（例）
①　夏期室内空気　　温度 25 ℃　　相対湿度 50 ％
②　夏期外気　　　　 〃 　32 ℃　　　 〃 　　65 ％
③　冬期室内空気　　 〃 　20 ℃　　　 〃 　　50 ％
④　冬期外気　　　　 〃 　 0 ℃　　　 〃 　　50 ％
⑤　夏期吹出し空気　 〃 　16 ℃　　　 〃 　　80 ％

演習問題 2

　暖房時の湿り空気線図の d 点に対応する空気調和システム図上の位置と
して，適当なものはどれか。

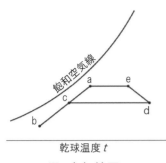

| 湿り空気線図 | 空気調和システム図 |

(1) ①

(2) ②

(3) ③

(4) ④

 解答 解説 ●-●

(3) d点の空気状態は，c点の空気が温度アップされたものであるから，加熱コイル出口の空気状態であり，③に該当する。

5. 送風空気量計算

Q (m³／h) = 送風空気量　　t_2℃ = 吹出し空気温度

q (W) = 顕熱負荷　　t_1℃ = 室内温度

Δt (℃) = $t_1 - t_2$

α = 空気の比熱 = 1.006 〔kJ／ (kg・K)〕

β = 空気の比重量 = 1.2 (kg／m³)

$\alpha \times \beta$ = 空気の容積比熱 = 1.21 〔kJ／ (m³・K)〕

とすると　　$Q = \dfrac{q}{\Delta t \times \alpha \times \beta} = \dfrac{q}{1.21 \Delta t}$

冷房時は　　$Q = \dfrac{q}{1.21 \times (t_1 - t_2)}$　　Q (m³／h)，q (W) であるから

これより　　$t_1 = t_2 + \dfrac{q}{1.21 \times Q}$　　$Q = \dfrac{q}{0.336 \times \Delta t}$　となる

　冷房時の室内送風空気量は次式で計算する。この計算式の説明として次のうち不適当なものはどれか。

$$Q = \frac{q}{0.336 \times \triangle t}$$

(1)　q は室内の潜熱負荷を示し，単位は W である。

(2)　0.336 は換算係数で，単位は（W・h）／（m³・℃）である。

(3)　$\triangle t$ は吹出し空気温度と室内温度との温度差で，単位は℃である。

(4)　Q は室内送風量で，単位は m³／h である。

解答 **解説**

(1)　q は室内の顕熱負荷を示す。

6. 空調方式

ⓐ 主な空調方式

1. 単一ダクト方式は，主ダクトが一つの空調方式をいい，定風量方式と変風量方式とがある。

2. 二重ダクト方式は，温風と冷風を別々のダクトで供給し，負荷の状況に応じて選択利用する方式である。

3. ファンコイルユニット方式は室内空気を再循環させて温度を調節する方式である。

4. マルチゾーン方式は，ゾーンごとに冷風と暖風を混合して送る簡略二重ダクト方式をいう。

5. 単一ダクト再熱方式は，冷房時に，冷却処理空気を温水等で再熱して相対湿度を下げる方式である。

ⓑ 空調方式の概要

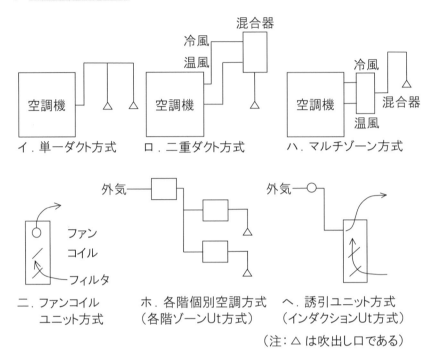

イ．単一ダクト方式　　ロ．二重ダクト方式　　ハ．マルチゾーン方式

ニ．ファンコイル　　ホ．各階個別空調方式　　ヘ．誘引ユニット方式
　　ユニット方式　　　（各階ゾーンUt方式）　　（インダクションUt方式）

（注：△は吹出し口である）

演習問題 4

空気調和の熱負荷計算に関する記述のうち，適当でないものはどれか。

(1)　暖房負荷計算では，一般に，日射負荷は考慮しない。

(2)　構造体の構成材質が同じであれば，厚さの薄い方が熱通過率は小さくなる。

(3)　外気による熱負荷を計算する場合，顕熱と潜熱を考慮する。

(4)　窓ガラス面からの冷房負荷計算では，ひさしや袖壁の影響も考慮する。

(2)　構造体の構成材質が同じであれば，厚さの薄い方が熱通過率は大きくなる。

2 暖 房

1. 暖房方式

ⓐ 蒸気暖房

1. 熱交換器のコイルに低圧蒸気を送り，空気と接触させて空気を加熱する方式で，直接暖房の一種である。
2. 蒸気の温度が高いために空気が過熱ぎみで，吹出し温度が 80 ℃にもなり室温調節が困難な面がある。

ⓑ 温水暖房

1. 熱交換器のコイルに 45 ℃程度の温水を送り，空気を加熱する方式で，間接暖房の一種である。
2. 熱交換後の空気の温度が 35 ℃～40 ℃程度のため，室温調節が比較的容易である。

ⓒ ふく射暖房

1. 古い形式ではラジエーターに蒸気を送って暖房する方式があるが，空気が温まるまでに時間を要する。
2. 床下に配管を埋設し温水を通す床暖房方式では，空気が温まるまでに時間を要するが，家庭の暖房に適している。

ⓓ ヒートポンプ暖房

冷凍機の放熱装置を暖房に利用する方式である。

2. 暖房負荷計算例

暖房用ボイラーで消費された A 重油の 1 時間当りの消費量を 30 ℓ，この建物（事務所ビル）の延べ床面積を 3,000 m²，A 重油の発熱量を 42,000 kJ／ℓ とすると，この建物の暖房負荷は

$30 \times 42,000 \div 3,000 = 420$ 〔kJ／m²·h〕となる。

3. 膨張タンク，膨張管

ⓐ 加熱により膨張する温水の逃げのために，膨張管を経て膨張タンクを設ける。

ⓑ 注意事項

1. 膨張管には絶対に弁類を設けてはならない。
2. 膨張管は加熱装置より単独の配管として立ち上げる。
3. 膨張タンクは単独のものを設置し，膨張管を飲料水用高置水槽に接続してはならない。

ⓒ リバースリターン方式

温水循環配管において，温水の温度を均一にするために往路と返路の長さの合計を等しくする方式をいう。

演習問題5

温水暖房における膨張タンクに関する記述のうち，適当でないものはどれか。

(1) 密閉式膨張タンクを用いる場合には，安全弁などの安全装置が必要である。

(2) 密閉式膨張タンクは，一般に，ダイヤフラム内に封入された空気の圧縮性を利用している。

(3) 開放式膨張タンクは，装置内の空気の排出口として利用できる。

(4) 開放式膨張タンクに接続する膨張管は，循環ポンプの吸込み側には設けない。

解答 解説 --

(4) 膨張管は，循環ポンプの吸込み側に設ける。吸込み側に設けると，静止圧力基準点より高くなって，空気を吸い込むことはほとんどない。また，吐出し側に設けると，静止圧力基準点より低くなり，膨張タンクの水面を最高部よりポンプ水頭以上高くする必要がある。

ⓓ 膨張管立ち上げ高さ

高置水槽の高水位面よりの加熱装置の膨張管の必要立ち上げ高さ（H m）は次の方法で求める。

高置水槽の高水位面より加熱装置の低位までの静水頭 （h）= 30 m

水温 （t）= 10 ℃

湯の温度 （T）= 60 ℃

水の密度 （a）= 0.99973 kg／ℓ

湯の密度 （b）= 0.9832 kg／ℓ

とすると

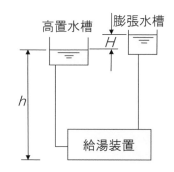

$$H = (\frac{a}{b}-1)\,h$$
$$= (\frac{0.99973}{0.9832}-1) \times 30 = 0.5\,\text{m}$$

演習問題6

高置水槽の高水位面より加熱装置の低位までの静水頭（h）= 20 m　　水温（t）= 10 ℃　　湯の温度（T）= 60 ℃　水の密度（a）= 0.99973 kg／ℓ　　湯の密度（b）= 0.9832 kg／ℓ　とすると，高置水槽の高水位面よりの加熱装置の膨張管の必要立ち上げ高さ（H m）として最も近い値はどれか。

(1)　0.17 m

(2)　0.34 m

(3)　0.50 m

(4)　0.67 m

 解答 解説 -

(2)　〔(0.99973÷0.9832)−1〕×20 ≒ 0.34

熱源機器のボイラーで消費された A 重油の 1 時間当りの消費量を 50ℓ，この建物の延床面積を 4,200 m^2，A 重油の発熱量を 42,000 kJ／ℓ とすると，この建物の単位面積当り暖房負荷として正しいものは次のうちどれか。

⑴　42 kJ／m^2・h

⑵　100 kJ／m^2・h

⑶　420 kJ／m^2・h

⑷　500 kJ／m^2・h

 ━━

⑷　$50 \times 42,000 \div 4,200 = 500 \text{ kJ／m}^2 \cdot \text{h}$

3 換　気

1. 機械換気

ⓐ 第1種機械換気

　換気は外気導入が目的で，一般的には外気を空調機を通して導き，室内空気の排出は排気ファンを用いて排気する方式を取っている。これを第1種機械換気といい，一般の居室や事務室はこの方式を採用する。

ⓑ 第2種機械換気

　送風機により外気を室に導き，開口部を設けて室内空気を排出する方法を第2種機械換気といい，室内をプラス圧（正圧）にして室内への空気の洩入を防ぐ目的で病院の手術室などに採用される。

ⓒ 第3種機械換気

　送風機により室内空気を排出し，開口部を設けて外気を室内に吸い込む方法を第3種機械換気といい，室内をマイナス圧（負圧）にして室外への空気の洩出を防ぐ目的で便所や湯沸室などに採用される。

2. 機械換気方式の概要

第1種

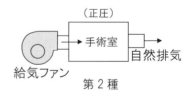

第2種

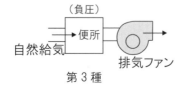

第3種

換気設備に関する記述のうち，適当でないものはどれか。

(1) 厨房の換気に，給排気側にそれぞれ送風機を設けた。

(2) ボイラー室の換気に，給排気側にそれぞれ送風機を設けた。

(3) 便所や浴室の換気に，排気側のみに送風機を設けた。

(4) 有害なガスが発生する部屋の換気に，給気側のみに送風機を設けた。

解答 **解説** ··

(4) 有害なガスを拡散させないために，排気側にだけ送風機を設けて室内を負圧にして換気する。また，確実な換気をするために，給気側，排気側に送風機を設け，室内を負圧にするため，排気量を多くする方法をとる。

3. 換気量計算式

ⓐ 公式

$Q = 1$人あたりの必要換気量（$m^3／h・人$）

$M = $ 在室者 1 人あたりの CO_2 発生量（$m^3／h・人$）

$K = $ 室内 CO_2 許容濃度（$m^3／m^3$）

$K_0 = $ 外気 CO_2 濃度（$m^3／m^3$）

とすると $Q = \dfrac{M}{K-K_0}$

ⓑ 換気量計算例 1

規定で $K = 1,000\,ppm = 0.001$〔$m^3／m^3$〕$= 0.1\,\%$

K と K_0 は%でなく整数を代入する

いま $K_0 = 400\,ppm = 0.0004$〔$m^3／m^3$〕$= 0.04\,\%$

$M = 0.015$〔$m^3／h・人$〕 とすると

$Q = \dfrac{0.015}{0.001-0.0004} = 25$〔$m^3／h・人$〕 通常 30 前後

ⓒ 換気量計算例 2

室容積 $V = 300\,m^3$ 給気量 $S = 2,000\,m^3／h$

外気／還気 $= O／R = 3／7$ のときの換気回数 N（回／h）を求む。

$$O = 2,000 \times 0.3 = 600 \ (\text{m}^3/\text{h})$$
$$N = O/V = 600/300 = 2 \ (\text{回}/\text{h})$$

喫煙者数 $N = 5$ 人　喫煙量 $H = 1$ 本／人・h　発塵量 $W = 10$ mg／本

設定室内浮遊粉塵濃度 $K = 0.15$ mg／m³

外気浮遊粉塵濃度 $K_0 \qquad = 0.05$ mg／m³

であるときの換気量 Q 〔m³／h〕で最も近い値は次のうちどれか。

(1)　300 〔m³／h〕

(2)　400 〔m³／h〕

(3)　500 〔m³／h〕

(4)　600 〔m³／h〕

解答 **解説** -

(3)　$(5 \times 1 \times 10) \div (0.15 - 0.05) = 500$ 〔m³／h〕

4. 室内空気汚染防止

❶ 室内の CO_2 濃度を低下させるには，外気導入量の増加，喫煙の制限，人員過密の改善，開放型燃焼器具の使用禁止，間仕切の制限などの対策を講ずる。

❷ 室内の CO 濃度を低下させるには，喫煙の制限，開放型燃焼器具の使用禁止，地下駐車場の車の排ガスの流入防止などの対策を講ずる。

❸ 室内の浮遊粉じん量を減らすには，高集塵率フィルタの設置，喫煙の制限，などの対策を講ずる。

❹ 室内の空気のよどみをなくすには，各吹出口風量の調節，間仕切りの制限，などの対策を講ずる。

5. エアフィルタ

❶ **エアフィルタ性能**

1. エアフィルタの性能表示は，定格処理風量における次の項目について行

われる。

① 圧力損失

② 汚染除去率（粉塵の場合は粉塵捕集率，有害ガスの場合はガス除去率）

③ 汚染除去容量（粉塵の場合は粉塵保持容量，有害ガスの場合はガス除去容量）

④処理風量

2. 一般にエアフィルタの粉塵捕集率は粉塵粒子の大きさによって異なり，粉塵の粒径が小さいほど捕集率が低い。

3. 一般にエアフィルタの汚れの程度は，フィルタ前後の圧力差によって判断される。

4. エアフィルタは CO，CO_2 等のガスに対する吸着効果は期待できない。

5. 活性炭フィルタは脱臭目的に使われ CO_2 や CO 及び粉じんの除去には効果がない。

6. エアフィルタを通過する空気の速度は 1〜3 m／s を最適とするものが多い。

7. 粒径の小さい粉塵に対するエアフィルタの捕集率はフィルタの通過風量に反比例する。

8. 高性能フィルタはろ材が緻密になり通気抵抗が増すので，ろ材面積を大きくして空気のろ材通過速度を小さく選ぶ。

9. 一般に粉塵捕集効率の高いものほど，圧力損失が大きい。

10. 一般に面風速を遅くした方が粉塵捕集効率が高い。

11. 一般にろ材面積を大きくした方が粉塵捕集効率が高い。

12. エアフィルタを通過する空気は，通過風速の 2 乗に比例する抵抗を受ける。（$V^2／2g$）

ⓑ エアフィルタの整備

1. ユニット形乾式エアフィルタには，洗浄すれば再使用が可能なものもある。

2. エアフィルタの交換時期を決める要因として次のことがあげられる。

① 前後の静圧の差

② 粉塵の再飛散

③ （使用時間）×（通過風量）

④ 捕集粉塵容量

ろ過式エアフィルターのろ材に求められる特性として，適当でないものはどれか。

(1) 空気抵抗が大きいこと。

(2) 吸湿性が小さいこと。

(3) 腐食及びカビの発生が少ないこと。

(4) 難燃性又は不燃性であること。

解答 解説 ∙∙

(1) 空気抵抗が大きいと，下流側へ流出してしまうため，空気抵抗が少ないこと。

室温調整に関する次の記述のうち，誤っているものはどれか。

(1) 冷房用冷凍機の冷水出口温度は，通常 15 ℃程度である。

(2) 吹出温度が設計値に達しない原因として，冷温水コイルの清掃不良，循環ポンプの能力不足等があげられる。

(3) 熱交換器に温水を通す間接暖房方式と，蒸気を通す直接暖房方式とでは，間接暖房方式の方が室温調節がしやすい。

(4) 暖房時，室内の上下温度差の増大原因として，吹出風量の不足，吹出空気温度の高過ぎ等があげられる。

解答 解説 ∙∙

(1) 冷水出口温度は通常 7 ℃程度。

演習問題 12

室内の空気吹き出し口から出る空気量が 200〔m³／h〕で，そのうち 40〔％〕が外気で 60〔％〕が再循環空気である場合，室内の容積が 50〔m³〕（ただし，ロッカーや書棚等の占める割合を 20〔％〕とする）とすれば，この室の換気回数を求める計算式として，次のうち正しいものはどれか。

(1) 換気回数 $= \dfrac{200 \times 0.4}{50 \times 0.8} = \dfrac{80}{40} = 2$ 回／時間

(2) 換気回数 $= \dfrac{200 \times 0.6}{50 \times 0.8} = \dfrac{120}{40} = 3$ 回／時間

(3) 換気回数 $= \dfrac{200}{50} = 4$ 回／時間

(4) 換気回数 $= \dfrac{200}{50 \times 0.8} = \dfrac{200}{40} = 5$ 回／時間

解答 解説 ⋯⋯⋯

(1) 換気回数は供給外気量を室の実容積で割った値。

演習問題 13

空気調和方式に関する記述のうち，適当でないものはどれか。
(1) ダクト併用ファンコイルユニット方式は，全空気方式に比べてダクトスペースが大きくなる。
(2) ダクト併用ファンコイルユニット方式は，空調する室に熱媒体として空気と水を供給する方式である。
(3) マルチパッケージ形空気調和方式は，屋内機ごとに運転，停止ができる。
(4) マルチパッケージ形空気調和方式は，屋内機に加湿器を組み込んだものがある。

解答 解説 ⋯⋯⋯

(1) ダクト併用ファンコイルユニット方式は，全空気方式に比べてダクトスペースが小さい。

演習問題 14

空調機により冷房を行っているとき，省エネルギーの見地から取った処置について，次のうち誤っているものはどれか。
(1) 空気冷却コイルを清掃した。
(2) 室温調節用温度調節器（サーモスタット）の設定温度を下げた。
(3) 予定より在室者が少ないので，外気導入量を減らした。
(4) エアフィルタを清掃した。

解答 解説 ⋯⋯⋯

(2) 省エネルギーのためには設定温度を上げる。

演習問題 15

エンタルピーに関する次の記述のうち，誤っているものはどれか。

(1) エンタルピーとは，湿り空気の持つ顕熱と潜熱を合計した全熱をいう。

(2) 湿球温度一定の変化では，エンタルピーは殆ど変化しない。

(3) エンタルピーの単位は〔kJ／h〕である。

(4) 加熱するとエンタルピーは増加する。

解答 **解説** ････････････････････････････････････

(3) エンタルピーの単位は〔kJ／kg〕

演習問題 16

ある湿り空気の露点温度を湿り空気線図より求める方法として，次のうち正しいものはどれか。

(1) その空気の位置を真下にたどり，その温度を見る。

(2) その空気の位置を左斜め上の湿球温度の線にそってたどり，飽和湿り空気線と交わったところの温度を見る。

(3) その空気の位置を左方向に水平にたどり，飽和湿り空気線と交わったところの温度を見る。

(4) その空気の位置を右斜め上方に曲線にそってたどり，図の途中に書いてある数値を見る。

解答 **解説** ････････････････････････････････････

(3)この交わったところの温度が露点温度。

疲れたでしょう？
コーヒー飲んで
ひと休みしてね

問題1 温水暖房に関する次の記述のうち，正しいものには○を，誤っているものには×を（　）の中に記入しなさい。

（　）(1)　複管式の場合，各放熱器ごとの送り管と返り管の配管損失の合計をほぼ等しくするためには，ダイレクトリターン方式（直接リターン方式）を用いる。

（　）(2)　複管式では，配管途中の熱損失を無視すれば，各放熱器に入る温水の温度は一定となる。

（　）(3)　温水の潜熱を利用する暖房方式である。

（　）(4)　蒸気暖房に比べて，室温の調節がやりやすい。

（　）(5)　配管の腐食に注意する必要がある。

問題2 図の空気線図のなかの●丸で示す空気の相対湿度および露点温度の近似値をカッコ内に記入しなさい。

(1)　相対湿度〔　　　〕％

(2)　露点温度〔　　　〕℃

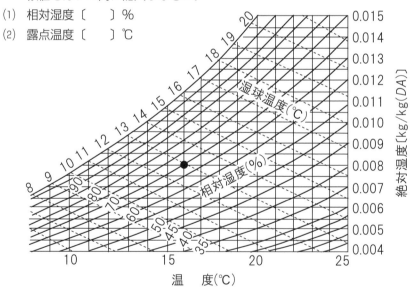

問題3 開放式膨張水槽に関する次の記述のうち，正しいものには○を，誤っているものには×を（　）の中に記入しなさい。

（　）(1)　水の膨張・収縮を吸収するために設ける。

（　　）(2)　装置への補給水タンクとして兼用される場合もあるが，補給水の吐水口には吐水口空間の保持が必要である。

（　　）(3)　膨張水槽に接続する膨張管には，保守時のことを考慮して膨張管の途中に止水弁を設ける。

（　　）(4)　寒冷地では，膨張管が凍結しないよう保温施工をする。

（　　）(5)　配管系の任意の高さに取り付けることができる。

問題4　機械換気設備を設置する場合，第1種，第2種，第3種，各機械換気方式のうち，どの方式が最も適しているかを（　　）の中に記入しなさい。

(1)　一般の事務室（第　　　　種機械換気方式）

(2)　便所（第　　　　種機械換気方式）

(3)　湯沸室（第　　　　種機械換気方式）

(4)　ビルの地下2階にあるボイラー室（第　　　　種機械換気方式）

(5)　病院の手術室（第　　　　種機械換気方式）

問題5　在室者1人あたりの炭酸ガス発生量が0.018〔m³／h・人〕，室内の炭酸ガス許容濃度が1,000 ppm，外気の炭酸ガス濃度が400 ppmであるとき，在室者1人あたりの必要換気量〔m³／h・人〕を求めなさい。

問題6　湿り空気に関する記述のうち，適当でないものはどれか。

(1)　飽和湿り空気の乾球温度と湿球温度は等しい。

(2)　相対湿度とは，湿り空気中に含まれる乾き空気1 kgに対する水蒸気の質量をいう。

(3)　湿球温度とは，一般に，感熱部を水で湿らせた布で包んでアスマン通風乾湿計で測定した温度をいう。

(4)　湿り空気がその露点温度より低い物体に触れると，物体の表面に結露が生じる。

問題7　パッケージ形空気調和機に関する記述のうち，適当でないものはどれか。

(1)　天井カセット形では，ドレン配管の自由度を高めるためドレンアップする方式のものが多い。

(2)　ヒートポンプ式には，空気熱源ヒートポンプと水熱源ヒートポンプがあ

る。

(3) ヒートポンプ式では，屋外機を屋内機より高い位置に設置することはできない。

(4) ガスエンジンヒートポンプ式は，エンジンの排熱が利用できるため寒冷地にも適している。

問題8　床面積の合計が 100 m² を超える住宅の調理室に設置するこんろの上方に，図に示すレンジフード（排気フード I 型）を設置した場合，換気扇等の有効換気量の最小値として，「建築基準法」上，正しいものはどれか。

ただし，K：燃料の単位燃焼量当たりの理論廃ガス量［m³/（kW・h）］
　　　　Q：火を使用する設備又は器具の実況に応じた燃料消費量［kW］

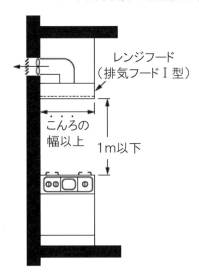

(1)　2 KQ［m³/h］

(2)　20 KQ［m³/h］

(3)　30 KQ［m³/h］

(4)　40 KQ［m³/h］

問題1

(1) （×）リバースリターン方式を用いる

(2) （○）

(3) （×）温水の顕熱を利用する暖房方式である

(4) （○）

(5) （○）

問題2

(1) 相対湿度　70％

(2) 露点温度　11℃

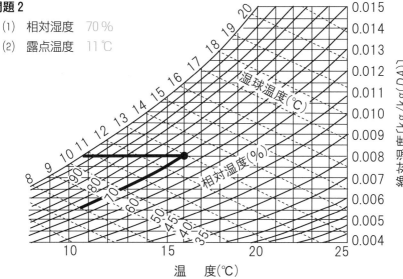

問題3

(1) （○）

(2) （○）

(3) （×）膨張管の途中には，止水弁は絶対に取付けてはならない

(4) （○）

(5) （×）温水の膨張分の高さだけ高置水槽より上方に設ける

問題4

(1) 第1種機械換気方式

(2) 第3種機械換気方式

(3) 第3種機械換気方式

(4) 第1種機械換気方式

(5) 第2種機械換気方式

問題5

$$\frac{0.018}{0.001-0.0004} = 30〔\mathrm{m^3/h・人}〕$$

問題6 (2) 相対湿度とは，ある湿り空気の水蒸気分圧（分量）と，その温度における飽和空気の水蒸気分圧（分量）との比をいい，％で表す。

その時の水蒸気量／飽和水蒸気量×100％ ＝ ○○％

設問は，絶対湿度のことである。

問題7 (3) ヒートポンプ式では，屋外機を屋内機より高い位置に設置した場合で，冷媒管長さ及び許容高低差は，標準的な機種で配管実長で約150 m，高低差は50 mといわれている。

問題8 (3) 排気フードⅠ型の場合は，30 KQ〔m³/h〕である。

排気フードⅡ型の場合で，20 KQ〔m³/h〕である。

1 上下水道

1. 下水道法

ⓐ 排水設備の範囲

1. 排水設備とは，ある土地内で発生する下水を公共下水道に流入させるために必要な排水路，排水きょ，その他の排水設備をいう。
2. 具体的には，家屋より敷地内の汚水ますまでをいう。

ⓑ 下水道の種類

1. 流域下水道とは，もっぱら地方公共団体が管理する下水道により排除される下水を受けてこれを排除し，及び処理するために地方公共団体が管理する下水道で二以上の市町村の区域における下水を排除するものであり，かつ，終末処理場を有するものをいう。
2. 公共下水道とは，主として市街地における下水を排除し，又は処理するために地方公共団体が管理する下水道で，終末処理場を有するもの，又は流域下水道に接続するものであり，かつ，汚水を排除すべき排水施設の相当部分が暗きょである構造のものをいう。
3. 都市下水路とは，主として市街地における下水を排除するために地方公共団体が管理している下水道で，その規模が一定以上で，かつ，地方公共団体が指定したものをいう。

ⓒ 下水の排除方式

1. 分流式とは，雨水と雨水以外の全ての排水（家庭下水・工場排水等）を別々の管きょ系統で集水し排除する方式をいう。
2. 合流式とは，雨水と雨水以外の全ての排水を同一の管きょ系統で排除する方式をいう。

演習問題1

図に示す排水に用いられるますの名称として，適当なものはどれか。

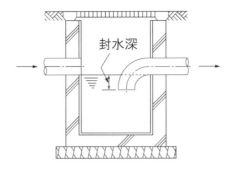

（1）　ためます

（2）　ドロップます

（3）　雨水浸透ます

（4）　トラップます

（4）　図に封水深があるので，トラップますが正しい。（50 mm～100 mm の封水深を確保するもの。）

---

2. 上水道

ⓐ　水道法関連用語

1.　水道とは，導管及びその他の工作物により，水を人の飲用に適する水として供給する施設の総体を言う。但し臨時に施設されたものを除く。

2.　水道事業とは，一般の需要に応じて，水道により水を供給する事業を言う。但し，給水人口が 100 人以下である水道によるものを除く。

3.　簡易水道事業とは，給水人口が 5,000 人以下である水道により，水を供給する水道事業をいう。

4.　簡易専用水道とは，水道事業の用に供する水道及び専用水道以外の水道であって，水道事業の用に供する水道から供給を受ける水のみを水源とするものをいい，具体的には市水道より水の供給を受けるビルの給水施設等をいう。

　　なお，受水槽の有効容量の合計が 10 m³ をこえるものに適用される。

5.　専用水道とは，寄宿舎，社宅，療養所等における自家用の水道，その他水道事業の用に供する水道以外の水道であって，100 人をこえる者にその

居住に必要な水を供給するものをいう。

6. 給水装置とは，需要者に水を供給するために水道事業者の施設した配水管から分岐して設けられた給水管及びこれに直結する給水用具をいう。

❺ 給水圧力

器具に必要な給水水圧は次のとおりである。

①	ホテル，共同住宅	0.25〜0.35 MPa
②	一般水栓	30 kPa
③	4〜5号ガス瞬間式湯沸器	40 kPa
④	壁掛けストール型小便器	50 kPa
⑤	シャワー	70 kPa
⑥	大便器洗浄弁	70 kPa
⑦	小便器洗浄弁	70 kPa

❻ 水質基準

1. 水質基準は 51 項目定められている。
2. 主な水質基準は次の通り。（参考資料）

一般細菌 ———————— 1 mℓ の検水で形成される集落数が 100 以下であること

大腸菌群 ———————— 検出されないこと

カドミウム ———————— 0.003 mg／ℓ 以下であること

水銀 ———————— 0.0005 〃

セレン ———————— 0.01 〃

鉛 ———————— 0.01 〃

ヒ素 ———————— 0.01 〃

六価クロム ———————— 0.02 〃

シアン ———————— 0.01 〃

硝酸態窒素
　及び亜硝酸態窒素 —— 10 〃

フッ素 ———————— 0.8 〃

四塩化炭素 ———————— 0.002 〃

総トリハロメタン ——— 0.1 〃

亜鉛 ———————— 1.0 〃

鉄 ———————— 0.3 〃

銅	1.0	〃
ナトリウム	200	〃
マンガン	0.05	〃
塩化物イオン	200	〃
カルシウム・マグネシウム等 (硬度)	300	〃
蒸発残留物	500	〃
陰イオン界面活性剤	0.02	〃
フェーノール類	0.005	〃
有機物 (全有機炭素 (TOC) の量)	3	〃
pH 値	5.8 以上 8.6 以下であること	
味	異常でないこと	
臭気	異常でないこと	
色度	5 度以下であること	
濁度	2 度以下であること	

演習問題 2

水道法で定める飲料水の水質基準で，次のうち誤っているものはどれか。

(1) pH 値が 5.8 以上 8.6 以下であること。

(2) 異常な臭味がないこと。

(3) 大腸菌群は 1 mℓ の検水で形成される集落数が 100 以下であること。

(4) 鉄が 0.3 mg／ℓ 以下であること。

解答 解説 〜〜〜〜〜〜〜〜〜〜〜〜〜〜〜〜〜〜〜

(3) 大腸菌群は検出されないこと。

❸ 残留塩素検査

1. 残留塩素の検査は，飲料水を供給する末端の給水栓で採取した水について行う。

2. 残留塩素の検査は，原則として DPD 法（ジエチル－p－フェニレンジアミン）によって行う。

3. 残留塩素の検査は 7 日以内ごとに行う。

4. 残留塩素の検査は月曜日に行うのが望ましい。

5. 水道により供給される水においては，いかなる場合においても遊離残留塩素の場合は 0.1 mg／ℓ 以上，結合残留塩素の場合は 0.4 mg／ℓ 以上検

出されなければならない。

演習問題 3

上水道に関する文中，☐内に当てはまる用語の組合せとして，適当なものはどれか。

給水管を不断水工法により配水支管から取り出す場合，一般に，給水管の口径が 25 mm 以下のときにはサドル付分水栓，75 mm 以上のときには ☐ A ☐ によって取り出す。この給水管及びこれに直結する給水用具を，「水道法」上，☐ B ☐ という。

	(A)	(B)
(1)	T字管 ——— 給水設備
(2)	割T字管 —— 給水装置
(3)	T字管 ——— 給水装置
(4)	割T字管 —— 給水設備

解答　解説 ✦✦✦✦✦✦✦✦✦✦✦✦✦✦✦✦✦✦✦✦✦✦✦✦✦✦✦✦✦✦✦✦✦

(2)　不断水工法は，配水支管を切断せずに取り出すもので，A には割T字管が入り，B には，給水装置が入ります。T字管の場合は，管を切断するため，不断水工法にはならない。

2 浄化槽

1. 浄化槽の分類

浄化槽は生物膜法と活性汚泥法に大別される。

ⓐ 生物膜法

1. 生物膜法は主として単独処理方式で，処理時間が比較的長く，処理容量に対し広い用地を要する。
2. 生物膜法には次の方式がある。
   ① 散水ろ床方式
   ② 回転板接触方式
   ③ 接触ばっ気方式
   ④ 分離接触ばっ気方式

ⓑ 活性汚泥法

1. 活性汚泥法は主として合併処理方式で，処理時間が比較的短く，処理場の用地は比較的少なくてよい。
2. 活性汚泥法には次の方式がある。
   ① 長時間ばっ気方式（合併処理方式）
   ② 分離ばっ気方式（単独処理方式）
   ③ 標準活性汚泥方式（合併処理方式）
3. 活性汚泥法は，流入水が不足するとばっ気槽内のBOD量が足りなくなり，逆に計画量以上に流入するとフロックがばっ気槽から流出したりするため，ばっ気槽内の生物量が不足して安定した浄化機能を維持できなくなる欠点がある。

ⓒ 腐敗タンク方式

旧浄化槽構造基準の単独処理浄化槽に該当するもので次の方式がある。
   ① 多室型腐敗室＋散水ろ床方式
   ② 平面酸化床方式

ⓓ 新浄化槽構造基準による分類

1. 単独処理浄化槽に該当するものに次の方式がある。
   ① 分離ばっ気方式
   ② 分離接触ばっ気方式
2. 合併処理浄化槽に該当するもの。
   ① 長時間ばっ気方式
   ② 回転板接触方式
   ③ 接触ばっ気方式
   ④ 散水ろ床方式
   ⑤ 標準活性汚泥方式

ⓔ 浄化槽用語

① ばっ気とは，汚水中に空気を強制的に泡状にして送り込み，汚水と空気を接触させる方式である。
② 回転板接触とは，汚水の付着した板を回転させて空気と汚水を接触させる方法である。
③ 散水ろ床とは，板又は砕石に汚水をふりかけて空気と汚水を接触させる方法である。
④ 活性汚泥とはばっ気と共に汚水を強制的に撹拌して，微生物による汚水の浄化活動を促進する方式である。
⑤ フロックとは，汚水が浄化されてできた糟（かす）で軽石状になって液面に浮いたものを言う。
⑥ 分離とは，浄化された汚水の上澄と汚泥とを分離することをいう。

2. 浄化槽の構成

ⓐ 浄化槽を構成する単位装置の一例を次に示す。

最初沈殿池→スクリーン設備→汚泥濃縮槽→　ばっ気槽　→　消毒槽
（物理的処理）（　同左　）（　同左　）（生物化学的処理）（化学的処理）

ⓑ 活性汚泥処理における浄化機構の一例を次に示す。

① まず汚水と活性汚泥（返送汚泥）とを「混合」し混合流とする。
② 次に活性汚泥が汚水中の固形物や溶解物質を「吸着」する。
③ 吸着した物質を微生物が「酸化」する。
④ 混合液を沈殿させて活性汚泥と上澄み水とを「分離」する。
⑤ 上澄み水を「放流」する。
⑥ 沈殿した活性汚泥をばっ気タンク室に「返送」する。

演習問題4

工場生産浄化槽の施工に関する記述のうち，適当でないものはどれか。

(1) 地下水位による槽の浮上防止対策として，槽の周囲に山砂を入れ，突き固めて水締めを行う。

(2) 本体の水平調整はライナーなどで行い，槽と底版コンクリートの隙間が大きいときは，隙間にモルタルを充てんする。

(3) 埋戻しは，土圧による本体及び内部設備の変形を防止するため，槽に水張りした状態で行う。

(4) 底版コンクリートは，打設後，所要の強度が確保できるまで養生する。

解答 解説 ❖❖

(1) 槽の浮力防止のために，固定金具や浮力防止金具等で，浄化槽本体を槽底部の基礎コンクリートに緊結する。

3. 浄化槽の構造基準 重要

浄化槽の構造基準			単独処理	合併処理
①	対象規模	処理対象人員	500人以下	51人以上500人以下
②	性　能	BOD除去率	65%以上	70%以上
		放流水のBOD値	90mg／ℓ以下	60mg／ℓ以下
③	性能基準	流入水のBOD負荷量	13g／人・日	40g／人・日

| | | 流入汚水量 | 50 ℓ／人・日 | 200 ℓ／人・日 |
| | | 流入水の BOD 濃度 | 260 mg／ℓ | 200 mg／ℓ |

❸ 特定行政庁が規則で指定する区域では，処理対象人員 50 人まで適用できる。

❺ 処理対象人員との関連

1. し尿浄化槽の処理対象人員が 501 人以上の施設は，水質汚濁防止法における特定施設として同法の適用を受ける。
2. し尿と雑排水とを合併して処理する浄化槽の構造基準は，処理対象人員が 51 人以上であるものについて定められている。
3. 処理対象人員が 500 人以下の施設にあっては，その維持管理について 1 年以内ごとに 1 回，定期的に地方公共団体の機関，又は厚生大臣の指定する者の検査を受けなければならない。

4. し尿浄化槽の施工と保守管理

❸ 施工上の留意事項

1. し尿浄化槽の設置場所の基礎を十分打ち固める。
2. スカムや汚泥の引き抜きスペースを十分に取る。
3. 設置後満水にして 24 時間以上の漏水検査をする。
4. 固い石が直接 FRP 槽にあたらないようにする。

❺ 保守管理上の留意事項

槽内の洗浄に使用した水は全量引き出して排除する。

ただし，消毒タンク，消毒室又は消毒槽以外の部分を洗浄した水は，1 次処理装置や沈殿分離槽などの張り水に用いてもよい。

演習問題 5

浄化槽の処理対象人員の算定において，延べ面積を基準としない建築用途はどれか。

(1) 寄宿舎
(2) ホテル

(3)　病院

(4)　事務所

 ··

(3)　病院の処理対象人員の算定は，ベッド数を基準に行う。

3 給水・給湯

1. 給水方式

ⓐ 高置水槽方式

1. いったん受水槽に貯水し，これをポンプで高置水槽に揚水し，これより各給水器具へは重力で給水する方式をいう。
2. 最も設置例が多い。圧力変動はほとんどなく短時間の停電にも対応できる。
3. 高置水槽は，最上階の大型瞬間湯沸器や大便器洗浄弁より 10 m 上方の位置に設置することが望ましい。
4. 揚水ポンプと高置水槽の平面的な位置が離れている場合には，ポンプの吐出管の横走配管はなるべく低いところで行う方がウォータハンマを生じにくい。

ⓑ 圧力水槽方式

1. 高置水槽では十分な落差が得られない低層建物で，密閉タンクに貯水し圧縮空気を送入して給水圧力を作り給水する方式をいう。
2. 圧力水槽方式は一般のビルで使用されることは極めて少なく，地下街，地下駐車場などで使用される。
3. 貯水量は，通常，給水ポンプの容量の 1〜2 分間分である。
4. 給水に利用できる有効容量は，圧力水槽の容量の 10 % 程度である。
5. 水圧の変動の幅は高置水槽方式よりも大きく 98 kPa〜147 kPa 程度変化する。
6. 空気補給のため空気圧縮機を必要とする。

ⓒ 水道直結方式

1. 水道事業者の給水管から直接給水栓末端まで配管で給水する方式で低層の一般家庭は殆どこの方式である。
2. 水道直結方式は給水が途中で大気に触れることがないため，水が汚染される機会は殆どない。

3. 水道本管の水圧が低いところでは，水道直結方式は適当でなく，いったん受水槽に貯水の後，高置水槽方式又は圧力タンク方式を採用しなければならない。

ⓓ タンクレス方式

1. ポンプ加圧直送方式とも言い，高置水槽を設けずに受水槽の水を常時ポンプで加圧して給水可能状態にしておく方法をいう。
2. 給水ポンプの吸込み管を直接水道引込管に接続すると，近隣の建物の水が出なくなる恐れがあるので必ず受水槽を設ける。
3. ポンプ過熱防止用締切運転防止装置が必要である。

給水方式に関する次の記述のうち，誤っているものはどれか。

(1) 高置水槽は，最上階の大型瞬間湯沸器や大便器洗浄弁より 10 m 上方の位置に設置することが望ましい。
(2) 圧力水槽方式は，空気補給のため空気圧縮機を必要とする。なお受水槽は必要である。
(3) 高置水槽と揚水ポンプとの平面的な位置が離れている場合には，ポンプの吐出管の横走配管は，ウォータハンマ防止のため，原則として低いところで行う。
(4) タンクレス方式は，常時ポンプで加圧して給水可能状態にしておく方法で受水槽も高置水槽も必要としない。

解答 解説 ━━━━━━━━━━━━━━━━━━━━━━━━━━━━━

(4) タンクレス方式では，受水槽は必ず必要（ⓓの 2.）。

2. 貯水槽

ⓐ 貯水槽の構造要件

1. 貯水槽は断水をしなくとも掃除ができる構造とする。
2. 貯水槽の天井又は蓋には 1／100 程度の勾配を設ける。
3. 貯水槽には通気装置を設ける。
   但し有効容量が 2 m³ 未満の場合は設けなくてもよい。

4. 貯水槽の通気装置として排風機を使用する場合は，外気に直接開放しなければならない。
5. 貯水槽内に死水が発生しないよう流入口と給水口の位置に留意する。
6. 貯水槽のオーバーフロー管は間接排水とし，その排水空間は管経の2倍以上とする。ただし最小150 mmとする。
7. 高置水槽は耐震を考慮して建築物の構造耐力上主要な部分に緊結すること。

❺ 貯水槽の汚染防止

1. 給水タンクの天井，底または周壁は，建築物の他の部分と兼用してはならない。
2. 飲料水槽内には，飲料水配管以外の配管を通してはならない。
3. 槽内面の塗料には水質に悪い影響を与えるものを使用してはならない。
4. 受水槽のマンホールは内径60 cm以上とし，ほこりや雨水が侵入しないよう，その取付け面より10 cm以上立ち上げ，防水，密閉形とする。
5. 受水槽の材質は，鋼板製，FRP製又は木製とする。
6. 上水タンクと井水タンクを逆止め弁を有する非常用バイパス管で接続するとクロスコネクションとなるので絶対行ってはならない。
7. 貯水槽のマンホールは点検や清掃時以外は施錠できる構造とし，貯水槽が大きい場合は2個以上設ける。
8. 貯水槽に設ける通気管やオーバフロー管の管端には防虫網を設置する。

❻ 貯水槽設置時の留意事項

1. 貯水槽の上に，ポンプその他の機器類を設置してはならない。ただし貯水槽の上部に床又は受け皿を設ける場合はこの限りでない。なお，マンホールの上部は避けて設けること。
2. 貯水槽の底及びその周壁の周囲には60 cm以上の空間を設ける。また上部には100 cm以上の空間を設ける。
3. FRP製貯水槽はH形鋼などで作った架台の上に乗せて設置する。
4. 高置水槽を塔屋上に設置する場合には，転落防止用のさくを設ける。また塔屋上への昇降路は簡易なタラップは危険なため階段とする。
5. 高さが1 m程度の貯水槽には内ばしごを設けなくてもよい。なお，内ばしごは部材内部に水がたまるパイプ製のものは使用しないこと。
6. 給湯設備の膨張管は貯水槽に接続してはならない。

7. 貯水槽と消火用水槽との兼用はなるべく避けること。

演習問題7

給水設備に関する記述のうち，適当でないものはどれか。

(1) 水道直結増圧方式には，逆流を確実に防止しできる逆流防止器を設けた。

(2) 飲料用受水タンクには，直径60cmの円が内接するマンホールを設けた。

(3) 建物内に設置する有効容量が所定の容量を超える飲料用受水タンクには，周囲に50cmの保守点検スペースを設けた。

(4) 給水管のウォーターハンマーを防止するため，エアチャンバーを設けた。

解答 解説 ----------------------------------

(3) タンクの周壁及び底の外部には，60cm以上の保守点検用の空間を設け，天井までは1,000mm以上の空間を確保する。

d 貯水槽の貯水量

1. 貯水槽の有効容量は，通常，オーバーフロー管の下端と吸水管の下端との間を有効深さとして算出する。

2. 貯水槽の適量貯水量
　　受水槽 ──── 1日使用水量の1／2 又は4時間分
　　高置水槽 ── 1日使用水量の1／10 又は1時間分

3. 給水圧力

器具に必要な給水圧力は次のとおりである。

① ホテル，共同住宅 ──────── 0.25～0.35MPa
② 一般水栓 ────────────── 30kPa
③ 4～5号ガス瞬間式湯沸器 ── 40kPa
④ 壁掛けストール型小便器 ── 50kPa
⑤ シャワー ──────────── 70kPa
⑥ 大便器洗浄弁 ────────── 70kPa
⑦ 少便器洗浄弁 ────────── 40kPa

第3章 衛生設備

4. 使用水量（通常）

① ホテル ──────── 250〜300ℓ／人・日
② 集合住宅 ─────── 160〜250ℓ／人・日
③ 事務所ビル ───── 100〜120ℓ／人・日
④ デパート（客）──── 3ℓ／人・日

5. 上水汚染防止

ⓐ バキュームブレーカ（逆流防止器）

1. バキュームブレーカとは，給水管内が負圧になろうとするときに，自動的に空気を給水管内に補給して逆サイホン作用を防止するための器具をいう。
2. バキュームブレーカを設けなければならないものは機能上吐水口空間を設けられない場合に取付けるもので，具体例として次のようなものがある。

   バスタブ用ハンドシャワ，大便器用洗浄弁，ビデ，洗浄用タンク，散水栓，芝生散水用スプリンクラー，ホース接続用水栓。
3. バキュームブレーカを設ける必要のないもの。

   洗濯流しの給水栓，和風浴槽用給水栓，洋風浴槽用吐水口，公衆浴場の洗い場の給水栓。
4. 散水栓には圧力式バキュームブレーカを取付ける。
5. 大気圧式バキュームブレーカの取り付け高さは，バキュームブレーカの機能及びあふれ縁よりの水の盛り上がりなどを考慮して，永受け容器のあふれ縁の上端より，原則として 150 mm 以上上方に取付けなければならない。

ⓑ 吐水口空間

1. 衛生器具水受け容器に吐水する給水管の管端又は水栓の吐水口端とその容器のあふれ面との空間をいう。
2. 吐水口付近に壁があるときの吐水口空間は，有効開口部の直径の 3 倍とする。

3. 給水栓の有効開口の内径の 1.7 倍＋5 mm とする。

◉ クロスコネクション

1. 上水と上水以外の水，または上水と一度吐水した水とが混ざることをいう。
2. 上水給水管に井水給水管を直結することはもちろん，間に逆止弁を設けてもクロスコネクションとなり，絶対に行ってはならない。
3. 水泳用プールに直結給水方式で給水する場合は，いったん大気に開放し十分な吐水口空間を設けて給水しなければならない。
4. 上水槽のほかに雑用水槽（又は井水槽）を設ける場合は，雑用水槽への非常時用補給水管は，水槽の上部に設けなければならない。
5. 雑用水槽の受水槽に上水と井水の両者を接続する場合，井水は井戸より直接給水し，上水は受水槽のあふれ縁の上方に吐水口空間を取って落し込み給水とする。

演習問題8

給水設備に関する記述のうち，適当でないものはどれか。

(1) クロスコネクションとは，飲料水配管とそれ以外の配管とが直接接続されることをいう。
(2) ウォーターハンマーを防止するため，給水管にエアチャンバーを設置した。
(3) 水道直結増圧方式の給水栓にかかる圧力は，水道本管の圧力に応じて変化する。
(4) 水道直結増圧方式は，高置タンク方式に比べて，ポンプの吐出量が大きくなる。

解答 解説

(3) 水道直結増圧方式の給水栓にかかる圧力は，ほとんど一定である。水道本管の圧力に応じて変化するのは，水道直圧方式の場合である。

6. 配管方式

ⓐ 上向式配管方式

1. 上向式配管方式では，給水立て主管に故障が起こると全系統が機能を停止したりすることが起こり得る。
2. 上向式配管方式では，天井高が高くて比較的スペースに余裕のある機械室で主管を展開できる。
3. 上向式配管方式では，弁の調整，操作などを機械室で行うことができ，系統的に配管することができる。

ⓑ 下向式配管方式

1. 下向式配管方式では，最上階の天井で主管を展開するため，上向式の場合のように太い給水主管を下の階まで下げる必要がなく設備費が割合に経済的である。
2. 下向式配管方式は，屋上に高置水槽を置き水を下方に送るので配管中に空気がたまることは少ない。

ⓒ ウオーターハンマ防止対策

1. 配管中に凹凸配管を設けない。
2. 常用圧力を 98 kPa～196 kPa 程度にする。
3. 管内流速を極力おそくする。（衝撃圧は流速に比例）
4. 配管長に比して配管の曲折か所を極力少なくする。
5. エアーチャンバ又はウオータハンマ防止器を取り付ける。
6. ウオータハンマの生じやすい条件には，配管中の圧力が常に著しく高い場合，配管中の流速が常に著しく速い場合，配管中に凹凸配管のある場合，水栓類を瞬間的に開閉する場合，揚水ポンプと高置タンクの設置場所が平面的に離れていて揚水管を高い位置で横走りさせる場合，などがあげられる。

7. 給湯設備

ⓐ 給湯方式

1. 中央式給湯法はホテル大規模ビル等に適している。
2. 中小の事務所ビルでは，飲料用に貯湯式湯沸器を設置する例が多い。

ⓑ 給湯量

給湯温度 60 ℃における基準給湯量
① ホテル宿泊客 1 人あたり―――130ℓ／日
② 大規模事務所ビル―――――――10ℓ／日・人

ⓒ 給湯温度

1. 給湯温度は 55 ℃～60 ℃とするのが望ましく，一般に 60 ℃に設定する。なお，80 ℃以上にはしない。
2. 使用温水温度の用途別標準
   ① 皿洗い機すすぎ用 ―― 70～80 ℃（別途設備で給湯）
   ② 浴用（成人）――――― 43～45 ℃
   ③ 飲料用 ―――――――― 90～95 ℃（湯沸器）
   ④ 一般用 ―――――――― 40～45 ℃
   ⑤ プール ―――――――― 21～27 ℃
3. 給湯温度を低くすると，湯が乱費されがちで不経済となる。
4. 給湯温度が 60 ℃以上になると，溶存酸素の溶出，遊離炭酸の発生，電食速度の増加などによって急激に配管材料が腐食されやすくなる。
5. 大気圧の下で 4 ℃の水が 100 ℃の湯になると，体積は約 1／23（4.3 ％）膨張する。
6. 保守管理にあたっては，温度を上げ過ぎないように注意し，温度及び使用量を記録するようにする。

ⓓ 貯湯槽

1. 貯湯槽は，貯水槽と同じく周囲からの点検を可能とするため，槽の四周と床下は 60 cm 以上，天井は 100 cm 以上の保守点検用空間を設けなければならない。
2. 貯湯槽に設けるマンホールの周囲には，原則として 60 cm 以上の空間を

第3章 衛生設備

確保する。

3. 貯湯槽に設ける逃し弁は，槽内の圧力が最高使用圧力の6％を超えると内部の湯が放出されるように設定されている。

4. 給湯設備に設ける膨張管は膨張水槽を設けてこれに接続する。

5. 膨張管を高置水槽に直接接続し，高置水槽を膨張水槽代わりにすることは行ってはならない。

6. 貯湯槽は一般に第一種圧力容器に該当するため，毎年性能検査を受けなければならない。

❺ 給湯配管

1. リバースリターン方式とは，湯の温度を均一にするために往路（給湯管）と返路（返湯管）の長さの合計を等しくする方式をいう。

2. 連続的に湯を使用する場合には，返湯管は必ずしも必要でない。

3. 給湯配管に設ける弁は仕切弁を用い，玉形弁は空気溜りを生じやすいので使用しない。

4. 玉形弁は圧縮性液体（蒸気，空気）に多く用いられ，グローバルブ又はストップバルブとも言う。なお流量調節がある程度可能である。

5. 仕切弁は非圧縮性液体（水，湯，油）に主に用いられゲートバルブまたはスルースバルブとも言う。なお全開又は全閉で使用するのを原則とする。

6. スイベル式配管は管のたわみと継手のねじ込み部のねじのわずかな緩みを利用した伸縮継手の一種で，特別の継手を必要としない。

7. 温水ボイラーの逃がし管の管径は，ボイラーの伝熱面積によって定まる。

8. 貯湯槽への給水管には逆止め弁を設け，温水の逆流を防止する。

9. 給湯配管を給湯用の各種設備，器具等に接続する場合には，吐水口空間を設けなければならない。

演習問題 9

給湯配管に関する次の記述のうち，不適当なものはどれか。

(1) 給湯配管方式は，一般にリバースリターン方式を採用する。

(2) 配管の途中には，伸縮継手を取り付ける。

(3) 膨張管の途中には，保守整備時に使用する弁を取り付ける。

(4) 膨張管の先端は，膨張水槽に接続する。

(3)　膨張管の途中には弁はいっさい取付厳禁。

❺ 循環ポンプ

1. 給湯管内の湯を循環させる方式には，強制式と重力式とがあり，一般に循環ポンプによる強制式が用いられている。
2. 循環ポンプは特殊な場合を除いて通常返湯管の途中に設ける。
3. 循環ポンプの循環水量は，配管及び機器などからの熱損失と給湯管，返湯管の温度差により求める。
4. 循環ポンプの揚程は，給湯配管中の循環路の摩擦損失水頭が最大となる経路により求める。（通常 3〜5 m）

❻ 加熱コイル

1. 貯湯槽の加熱コイルの熱通過率が大きいほどコイル表面積は少なくてよい。
2. 貯湯槽の加熱コイルの取替又は修繕時を考慮して，コイル部分の全長の 0.5〜1.2 倍の空間を，加熱コイル取付部の前面に確保する。なお，通常の性能検査では，加熱コイルは引き抜かない。

❼ 給湯設備の故障

蒸気を熱源とする中央給湯設備の貯湯槽の温度が上がらない原因は次のような場合である。
　①　蒸気圧が低い。
　②　蒸気量の不足。
　③　温度調節弁の作動不良。
　④　凝縮水が還元しない。
　⑤　蒸気（多量）トラップの容量が不足している。
　⑥　使用湯量が多過ぎるか貯湯量が足りない。

❽ 瞬間式湯沸器

1. ガスだき式の貯湯式湯沸器のヒーターの表面を掃除する場合には，硬めのブラシを使用し，ワイヤブラシは使用しない。
2. 修理を行う際は，必ず口火コック，バーナコック，給ガス用の弁および

給水用の弁を閉め使用停止の状態を確認してから行う。

3. 修理の際取外した部品は傷をつけないように取扱う。

4. 修理を行った部分は，パッキンを再使用できるかどうか必ず調べる。

5. 修理を行った部分は，必ずガス漏れおよび水漏れの検査をし，必ず試運転をして正常な作動を確認する。

4　衛生器具

1. 衛生陶器

ⓐ　衛生陶器の品質

衛生陶器の品質には，次の要件が求められる。
① 酸・アルカリなどに侵されにくいこと。
② 汚物が付着しにくく，清掃が容易であること。
③ 強度が大で，耐久力があること。
④ 吸水性がないこと。
⑤ 複雑な構造のものを一体にして造りうること。
⑥ 耐摩耗性があること。
⑦ 構造が簡単で機能的であること。
⑧ 取付けが容易であること。

ⓑ　衛生陶器の材質

1. 衛生陶器の材質は溶化素地質が最良で硬質陶器質はやや劣る。
2. インキ試験とは，陶器の破断面にインキを滴下して陶器の吸水性を調べる検査方法である。

2. 便　器

ⓐ　大便器の構造機能

1. 下図に便器の概略構造を示す。

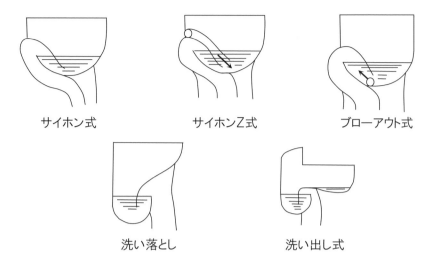

サイホン式　　　　　サイホンZ式　　　　ブローアウト式

洗い落とし　　　　　　洗い出し式

2. サイホン式は，便器の排水路を少し複雑にし，流水を遅滞させてサイホン作用を起こしやすくしたものである。なお，封水を失いにくい構造である。

3. サイホンゼット式は，排水路の起点に噴水口を設けて噴射水を送り，確実にサイホン作用を起こさせるようにしたもので，大便器の形式のうち，乾燥面が最も少なく機能が優れている。

　なお，トラップの封水深も深く優れているが，洗浄水量及び噴水量割合についての条件が厳しく，必然的に価格も高い。

4. ブローアウト式（吸出し式とも言う）は，排水路を単純にしてジェットの噴出力を強力にし，その作用で留水を排水管の方へ押し出す方法である。構造が単純で，トラップの径も相当大きくできるので閉塞のおそれはないが，水洗時の騒音が大きい。

5. 洗い落とし式は，流水作用によって汚物を押し流す形式で，汚物がトラップ封水中に没入するようになっているので，洗い出し式に比べると臭気の発散は少ない。なお，サイホン式よりは劣る。マンションの洋式便器の大半がこの型である。

6. 洗い出し式は，最も旧式な構造のもので，乾燥面が多く汚れやすい。また，使用中汚物が露出するので臭気の発散が多い。和式の代表的型である。

7. 身体障害者や老人などが使用する便所は，衛生器具を使用しやすいように，手摺り，握りバーなどの補助具を設置することが望ましい。

❺ 大便器洗浄弁

1. 大便器洗浄弁を作動させるための給水圧力として流水時の動水圧で最低 70 kPa（ただし，摩擦損失水頭を含まない）が必要であるが最高は 392 kPa までにとどめる。
2. 大便器洗浄は，給水圧力が 98 kPa の場合，15ℓ の水を 10 秒聞で排出させるのが標準である。また，瞬間最大流量は約 100ℓ／min である。
3. 大便器洗浄弁の接続給水管の管径は最小 25 mm であるが，摩擦損失水頭を小さくするため，32 mm とすることが望ましい。
4. 大便器洗浄弁に設けるバキュームブレーカは大気圧式のものとし大便器のあふれ縁より原則として 150 mm 以上上方に取り付ける。
5. 洗落し式の大便器では，最大流出水量として 110〜130ℓ／min の水量が得られないと，有効に便器内を洗浄することができない。
6. 大便器の洗浄弁には，必ずバキュームブレーカを取り付けなければならない。
7. 節水形の洗落し式大便器では，必要な 1 回分の水量は 8ℓ でよい。
8. 大便器の洗浄用タンクは，大便器の形式，機能に適したものを使用しなければならない。

❻ 小便器洗浄弁

1. 小便器洗浄弁は，給水圧力が 98 kPa の場合 5ℓ の水を 10 秒間で排出させるのが標準である。
2. 小便器（洗落し式）の洗浄には，1 回の洗浄水量が 4〜5ℓ で 4〜8 秒の洗浄時間を要し，最大流出水量は 50ℓ／min 内外を必要とする。

演習問題 10

便器の洗浄設備に関する次の記述のうち，不適当なものはどれか。

(1) 大便器洗浄弁を作動させるには，最低 70 kPa の水圧が必要である。
(2) 大便器洗浄弁の流水機能は，15ℓ の水を 10 秒で排出させるのが標準である。
(3) ロータンクやハイタンクには，必ずバキュームブレーカを取付けなければならない。
(4) 小便器の洗浄弁は，給水圧力が 98 kPa の場合，5ℓ の水を 10 秒間で排出させるのが標準である。

(3) ロータンクやハイタンクにはバキュームブレーカは不要。

ⓓ 洗面器

1. 洗面器の排水金具は，十字形ストレーナを備えた栓付き，又はポップアップ式のいずれかとする。

2. ハンドシャワには圧力式バキュームブレーカではなく，大気圧式バキュームブレーカを取り付ける。

3. 吹上げ水飲み器の噴水は斜角吹上げ式とし，保護囲いを噴水頭の上部に近接して設けなければならない。

4. あふれ縁とは，衛生器具から水があふれ落ちようとする上縁をいう。

5 排水・通気

1. 通気管

ⓐ 通気管の目的

① 排水管内の流れの円滑化
② 誘導サイホン作用（吸出し作用）やはね出し作用等による破封からの
トラップの封水の保護
③ 排水管系統内の換気

ⓑ 通気管の種類

1. 逃がし通気管，ループ通気管，器具通気管，伸頂通気管，湿り通気管，
結合通気管，共用通気管，各個通気管などがあり，だいたい名称から連想
する。
2. 逃がし通気管とは，排水，通気両系統間の空気の流通を円滑にするため
に設ける通気管をいう。
3. ループ通気管とは，通気管と排水立て管とがループ状につながっている
通気管をいう。
4. 器具通気管とは，器具排水管から垂直線と 45°以内の角度で分岐し立ち
上げる通気管で，それから他の通気管までの間の管をいう。
5. 伸頂通気管とは，排水立て管の頂部を延長し大気中に開口したものをい
う。
6. 湿り通気管とは，大便器以外の器具からの排水が流れることがある通気
管をいう。
7. 結合通気管とは，2 本の通気立て管を横管でつないだ通気管をいう。
8. 共用通気管とは，2 つの便器の通気管を途中で結合して通気横管に接続
する通気管をいう。
9. 各個通気管とは器具ごとに立ち上げる通気管をいう。

ⓒ 通気管の概要

通気管の概要図を次のページに示す。

ⅆ 通気管の開口部

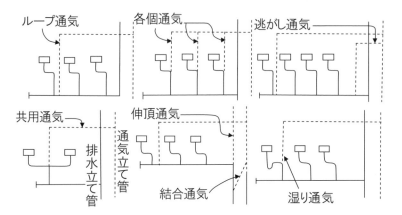

1. 屋上を貫通する通気管は屋上から 0.15 m 以上立ち上げて大気中に開口する。
2. 屋上を庭園, 運動場, 物干し場などに使用する場合は, 屋上から 2 m 以上立ち上げて大気中に開口する。
3. 建築物の外気取入口の上端から 0.6 m 以上立ち上げて大気中に開口する。
4. 上記施工が困難なときは外気取入口の端から水平に 3 m 以上離す。
5. 積雪地方では積雪深度以上の高さとする。

ⅇ 通気管の施工

1. 排水横管から取り出す通気管は, 排水横管の直上部から垂直に取り出すか, 又は排水横管の中心線上部から 45° 以内の角度で取り出す。
2. 排水横管より取り出した通気管は, まっすぐ天井まで立ち上げて横走りさせること。
3. 床下で通気管同士を接続してはならない。
4. 屋上より立ち上がっている通気管の立ち上がり部分を旗竿, テレビ用アンテナなどの目的のために使用してはならない。
5. 排水系統の通気管で, ほかの通気系統と接続することなく, 単独に大気中に開口しなければならないものとして, 排水槽の通気管, 特殊排水系統, 間接排水系統, 気圧式エゼクタからの通気, し尿浄化槽の排気管, オイル阻集器の排気管, などがある。
6. 通気管と他の配管を接続することは禁止されており, 具体例として次の

事項がある。

① 一般の通気管とし尿浄化槽の排気管

② 通気立て管と雨水立て管

③ 通気管と室内換気用のダクト

④ 間接排水系統の伸頂通気管及び通気立て管と，一般排水系統の伸頂通
気管・通気立て管・通気ヘッダ等は単独で大気に開口すること。

7. 2つ以上の間接排水系統があり，その種類が異なるときは，別系統にし
なければならない。

8. 原則として床下通気配管は禁止されている。なお，やむを得ずあふれ縁
より低位で通気管を横走りする場合は，通気立て管に接続する前にあふれ
縁より 150 mm 以上立ち上げて接続する。

9. 通気管は，排水管に接続されている器具のあふれ縁のうち最も高い位置
にあるものより少なくとも 15 cm 立ち上げてから横走りさせる。

通気管に関する次の記述のうち，不適当なものはどれか。

(1) 通気管の設置目的には，排水管内の流れの円滑化，トラップの封水の保護
などがある。

(2) 排水槽の通気管は，単独に立ち上げる。

(3) 通気管の開口部を屋上に設ける場合は，外気取入口の上端から 0.6 m 以上
立ち上げて大気中に開口する。

(4) 通気立て管と雨水立て管とは兼用してもよい。

解答 **解説** ···

(4) 通気立て管と雨水立て管とは兼用してはならない（**e**の6.の②）。

2. トラップ

ⓐ トラップの目的

排水管・下水管などからの臭気・下水ガス・ねずみ・衛生害虫などが室内
に侵入するのを防止するために，液体で封ずることを水封といい，この水封
部分をトラップという。

ⓑ トラップの破封

1. トラップの封水が減少し，空気が流通し得るようになる状態をいう。
2. トラップの封水が破封する原因には次のものがある。
   ① 自己サイホン作用
   ② 誘導サイホン作用（吸出し作用）
   ③ はね出し作用
   ④ 蒸発
   ⑤ 毛細管現象
   ⑥ 封水の運動による慣性
3. 上記①②③は通気管を設けることで防止できるが，④⑤⑥は通気管を設けても，その現象を防ぐことはできない。

演習問題 12

トラップの破封原因として，次のうち最も不適当なものはどれか。
(1) 蒸発
(2) 吸い出し作用
(3) ウォータハンマ
(4) 毛細管現象

解答 解説 ∙∙

(3) ウォータハンマは破封原因とは無関係（前頁，ⓑの 2.）。

ⓒ トラップの封水深

1. トラップの下流のあふれ部の下端（トラップウェア）と，トラップ底部の上端（ディブ）との間の垂直距離を言う。
2. トラップの封水深は 50 mm 以上 100 mm 以下とする。
3. 排水トラップの封水深は 50 mm 以上 100 mm 以下（阻集器を兼ねる排水トラップについては 50 mm 以上）とする。

ⓓ トラップの種類

トラップの構造概要を次に示す。
   ① Ｕトラップ————主として雨水排水管の横管など横走配管の途中に設ける。

② Ｐトラップ————一般に広く使用されており，各個通気管を設けれ
ば最も理想的なトラップである。

③ Ｓトラップ————サイホン作用を起こし破封しやすいので使用しな
い方がよい。

④ ボトルトラップ——掃除口を設けておく。

⑤ 台付きトラップ——掃除用流しに用いられる。

⑥ ドラムトラップ——胴の内径は排水管径の2.5倍。

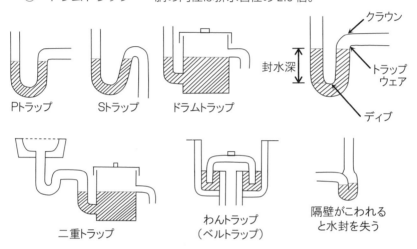

封水深

クラウン

トラップ
ウェア

Ｐトラップ　　Ｓトラップ　　ドラムトラップ

ディブ

二重トラップ

わんトラップ
（ベルトラップ）

隔壁がこわれる
と水封を失う

❺ トラップ施工上の留意事項

1. トラップを二重に設けてはならない。（これを二重トラップという）

2. 床排水トラップからの排水管の管末を，さらにトラップますに水没させ
ると二重トラップとなるのでしてはならない。

3. 雨水排水管を分流式の排水横主管又は敷地排水管に接続する場合には，
家屋トラップ（Ｕトラップともいう）又はトラップますを設けなければ
ならない。

4. 排水トラップは，汚水に含まれる汚物等が付着し又は沈殿しない構造と
する。ただし阻集器を兼ねる排水トラップについてはこの限りでない。

5. 隔壁トラップは，隠された内部の隔壁によって水封を形成しており，隔
壁に穴があいても発見しにくいので使用してはならない。

6. 連合流しの場合や浴室のバスタブと床排水の場合のように，排水管の延
長が極めて短い場合には，器具各個にトラップを設けなくてもよい。

7. 流しのトラップとしてビニールホースを用いてトラップを形成させた，

第3章 衛生設備

いわゆるホーストラップはトラップとは認められない。

演習問題 13

トラップに関する次の記述のうち，不適当なものはどれか。

(1) トラップの封水深は 100 mm 以上 150 mm 以下とする。

(2) Ｓトラップはサイホン作用で破封しやすい。

(3) トラップを二重に設けてはならない。

(4) 可動部分のあるトラップや隔壁によるトラップは，使用しない方がよい。

解答 解説

(1) トラップの封水深は 50 mm 以上 100 mm 以下（P.96, ❸の 2.）。

3. 阻集器

❸ 阻集器の構造機能

1. 阻集器とは，排水中に含まれる有害で危険な物質，または再利用できる物質の流下を阻止し分離し収集して，残りの水液のみを自然流下により排水できる形状又は構造を持った器具や装置である。

2. 阻集器は，構造上トラップを形成しているものが多いが，そうでないものには別にトラップを設けなければならない。

3. 排水トラップの機能を合わせ持っている阻集器に別個に排水トラップを接続すると二重トラップとなるのでしてはならない。

4. 阻集器を清掃するためにふたを開けたとき，排水管中の臭気が室内に逆流してこない構造とする。

5. 阻集器のトラップの封水深は 50 mm 以上としなければならない。

❹ 阻集器の種類

1. ランドリー阻集器は，大きさ 13 mm 以上の不溶性物質（糸切れ，ボタン等）が排水系統に流入することを防止できる構造とし，取外し可能なメッシュ 13 mm 以下の金網のバスケットをいれてあり，通常，営業用の洗濯場に設ける。

2. グリース阻集器は容量を十分に取り，かつ内部に間仕切り壁を設けて排水の流速を遅くし，脂肪を凝固分離させる構造となっている。グリース阻

集器は営業用厨房の皿洗い流しに設ける。

3. オイル阻集器は, 排水中の油が器内で浮上分離される構造になっており, ふたを気密にする必要があり, また専用の通気管を設けて戸外に開口する。なお, オイル阻集器の通気管は, ふたが気密になっている場合他の通気管と兼用してもよい。

　　オイル阻集器はガソリンスタンド等に設ける。

4. 砂阻集器は, 土砂などの比重が大であることを利用して, これらが器内で沈殿, 滞留されるような構造となっている。

　　なお, 泥溜め深さは 150 mm 以上としなければならない。

　　自動車が泥を付着してくるおそれがある駐車場には砂阻集器を設けなければならない。

5. プラスタ阻集器は, 歯科医や外科医のギブス室の流しなどに取付けられ, 貴金属やプラスタ (石膏) などの流出を阻止する。

6. ヘヤー阻集器は理容所の洗髪流しに取り付ける。

演習問題 14

阻集器に関する次の記述のうち, 不適当なものはどれか。

(1) プラスタトラップは, 歯科医や整形外科医の治療器に設ける。

(2) 阻集器が構造上トラップを形成していないものには, 別にトラップを設けなければならない。

(3) 自動車の洗車場には, 砂阻集器を設ける。

(4) 営業用厨房に設けるグリーストラップには, 排水の流速を速くする工夫がなされている。

解答 **解説** -------------------------------------

(4) 排水の流速を遅くする工夫がなされている (前頁, ❺の 2.)。

4. 排水管

❶ 間接排水

1. 間接排水とは, 排水系統をいったん大気中で縁を切り, 一般の排水系統へ直結している水受け容器又は排水器具の中へ排水することをいう。

2. 水受け容器とは, 使用する水, 若しくは使用した水を一時貯留し, また

はこれを排水系統に導くために用いられる器具または容器をいう。

3. 間接排水としなければならないのは，洗濯機や脱水機など洗濯用機器からの排水（洗濯流しの排水は不要），営業用調理流しの排水など飲食物の供給に関係する器具の排水，などである。

4. 汚れていない排水の間接排水は，屋根又は機械室などの排水開溝に所要の排水口空間をとって排水してもよい。

5. 排水管を開口させてはならないものとして，洗面器，手洗器，料理場流し，手術用手洗器，ビデ，洗髪器，洗濯流し等の排水がある。

6. 間接排水とすべき器具の間接排水管に各個通気管を設けても，間接排水としなければならない。

❺ 雨水排水管

1. 雨水排水立て管には排水トラップを設けなくてもよいが，雨水排水立て管以外のすべての雨水排水管を汚水管や雑排水管に連結する場合は，その雨水排水管に排水トラップを設けなければならない。

2. 雨水排水管に設ける排水トラップは，雨水排水管ごとに設けるか，または雨水排水管のみを集めてからまとめて一箇所に設ける。

3. 雨水排水管に設ける排水トラップは，屋内用は U トラップ，屋外用は U トラップあるいはトラップますとする。

4. 雨水排水立て管は，汚水排水管や通気管と兼用してはならない。また，雨水排水立て管の途中に，雑排水管を連結してはならない。

❻ 排水勾配

1. 敷地排水管は下水本管に向かって下りこう配とする。

2. 適当な排水管のこう配は，管径 65 mm 以下は 1／50，75 mm 以上はおよそ管径の逆数程度である。

3. 排水槽の底には，吸い込みピットを設け，かつ当該吸い込みピットに向かって 1／15 以上 1／10 以下のこう配をつける。

4. すべての通気管は，管内の水滴が自然落下によって流れるように注意し，逆こう配にならないように排水管に接続しなければならない。

5. 給水タンクの底部には，吸い込みピットを設け，かつ当該吸い込みピットに向かって適切なこう配をとることが望ましい。

6. 排水横管のこう配は，通常 1／25 より急なこう配はとるべきではない。

7. 管径 150 mm 以上の排水横主管のこう配は最小 1／200 が標準とされて

いる。

8. 動水勾配とは，水が土中を流れるときの土の単位長さあたりの損失水頭のことをいう。

問題1　次の図中の点線は通気管を示す。それぞれの通気管の名称について
誤っているのはどれか。

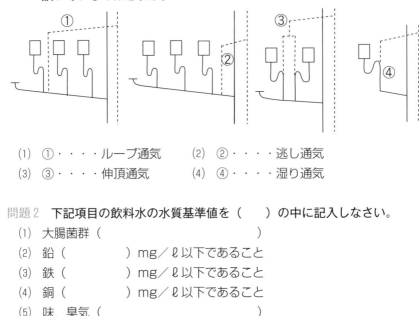

(1)　①・・・・ループ通気　　(2)　②・・・・逃し通気
(3)　③・・・・伸頂通気　　(4)　④・・・・湿り通気

問題2　下記項目の飲料水の水質基準値を（　　）の中に記入しなさい。
(1)　大腸菌群　（　　　　　　　　　　　）
(2)　鉛　（　　　　　　　）mg／ℓ以下であること
(3)　鉄　（　　　　　　　）mg／ℓ以下であること
(4)　銅　（　　　　　　　）mg／ℓ以下であること
(5)　味，臭気　（　　　　　　　　　　　　）

問題3　浄化槽の処理機構に関する次の記述のうち，正しいものには○を，
誤っているものには×を（　）の中に記入しなさい。
（　　）(1)　最初沈殿池―――――生物学的処理
（　　）(2)　スクリーン設備―――物理的処理
（　　）(3)　汚泥濃縮槽―――――生物学的処理
（　　）(4)　ばっ気槽―――――――生物学的処理
（　　）(5)　消毒槽―――――――化学的処理

問題4　飲料用貯水槽の構造に関する次の記述のうち，正しいものには○を，
誤っているものには×を（　）の中に記入しなさい。
（　　）(1)　独立した単体の構造であること。
（　　）(2)　貯水槽の四周及び下部には60cm以上，上部には100cm以上

の点検用スペースを設けること。

（　　）(3)　マンホールは内径が 45 cm 以上とし，施錠できる構造とすること。

（　　）(4)　オーバーフロー管は直接排水とすること。

（　　）(5)　高置水槽には，保守時の安全確保のため周囲に相当の高さの柵を設けること。

問題 5　給湯設備に関する次の記述のうち，正しいものには○を，誤っているものには×を（　　）の中に記入しなさい。

（　　）(1)　温水プールの水温は，通常 21 ℃～27 ℃程度である。

（　　）(2)　貯湯槽は一般に第一種圧力容器に該当するため，3 年ごとに性能検査を受けなければならない。

（　　）(3)　貯湯槽には，貯水槽と同様の点検スペースが必要である。

（　　）(4)　給湯循環ポンプは，通常，給湯管の途中に設ける。

（　　）(5)　給湯配管はリバースリターン方式とする。

問題 6　衛生器具に関する次の記述のうち，正しいものには○を，誤っているものには×を（　　）の中に記入しなさい。

（　　）(1)　衛生器具のインキ試験とは，衛生陶器の色相いを調べる試験である。

（　　）(2)　洗い落とし式大便器は，マンションの洋式便器に多い。

（　　）(3)　ロータンクと便器との連絡管には，必ずバキュームブレーカーを取付けなければならない。

（　　）(4)　大便器洗浄弁は，15 ℓ の水を 10 秒間で排出させる能力がある。

（　　）(5)　あふれ縁とは，衛生器具から水があふれ落ちる上縁をいう。

問題 7　通気管に関する次の記述の（　　）の中に当てはまる数値を回答欄の（　　）の中に記入しなさい。

　屋上を庭園，運動場，物干し場などに使用する場合，屋上を貫通する通気管は，屋上の床から少なくとも（　A　）以上立ち上げて大気中に開口しなければならない。また，空調設備の外気取り入れ口からは，水平距離で（　B　）以上離さなければならない。

　　　　A（　　　　メートル）　　B（　　　　メートル）

問題 8　トラップに関する次の記述のうち，正しいものには○を，誤っている
　　　　ものには×を（　）の中に記入しなさい。

（　　）(1)　トラップの封水深は，30 mm 以上 50 mm 以下と定められている。

（　　）(2)　洗面器には P トラップが取付けられる。

（　　）(3)　トラップの機能が不十分な場合は，トラップを二重に設ける。

（　　）(4)　トラップが排水立て管に接近し過ぎていると，はね出しや吸い
　　　　　　　出しなどの破封現象を起こしやすい。

（　　）(5)　床排水トラップのうち，わんトラップ（ベルトラップ）は，わ
　　　　　　　んを取るとトラップとしての機能を失う。

問題 9　給湯設備に関する文中，￢￢￢内に当てはまる数値，用語の組合せと
　　　　して，適当なものはどれか。

　　　　ガス瞬間湯沸器の能力は，一般に号数で呼ばれ，水温の上昇温度を
　　 A 　℃とした場合の出湯量 1 L／min を 1 号としている。

　　　　住宅のシャワーなどへの給湯用には，　 B 　が適している。

　　　　（A）　　　　　　　（B）
(1)　15————————元止め式
(2)　25————————元止め式
(3)　15————————先止め式
(4)　25————————先止め式

問題 10　排水設備に関する記述のうち，適当でないものはどれか。
(1)　間接排水とする水受け容器には，トラップを設けない。
(2)　ドラムトラップは，非サイホン式のトラップである。
(3)　排水横主管の管径は，これに接続する排水立て管の管径以上とする。
(4)　サイホン式のトラップは，封水が少なく，非サイホン式のトラップに比
　　　較して封水が破れやすい。

問題 11　排水・通気設備に関する記述のうち，適当でないものはどれか。
(1)　伸頂通気方式は，通気立て管を設けず，排水立て管上部を延長して通気
　　　管として使用するものである。
(2)　ループ通気方式は，各個通気方式に比べて機能上優れている。
(3)　ループ通気管は，通気立て管又は伸頂通気管に接続するか，あるいは大

気に開放する。

⑷　最上階を除き，大便器 8 個以上を受け持つ排水横枝管には，ループ通気管を設けるほかに，逃し通気管を設ける。

第3章　衛生設備

問題1

(1)　③は共用通気（P.94 の上）

問題2（P.70 参照）

(1)　大腸菌群（検出されないこと）

(2)　鉛（0.05）mg／ℓ以下であること

(3)　鉄（0.3）mg／ℓ以下であること

(4)　銅（1.0）mg／ℓ以下であること

(5)　味，臭気（異常でないこと）

問題3（P.74，2. の**ⓐ**参照）

(1)　（×）最初沈殿池は，物理的処理

(2)　（○）

(3)　（×）汚泥濃縮槽は，物理的処理

(4)　（○）

(5)　（○）

問題4

(1)　（○）

(2)　（○）（P.80，**ⓒ**の2.）

(3)　（×）マンホールの内径は 60 cm 以上のこと（P.80，**ⓑ**の4.）

(4)　（×）オーバーフロー管は，間接排水とすること（P.80 上，**ⓐ**の6.）

(5)　（○）（P.80，**ⓒ**の4.）

問題5

(1)　（○）（P.85 の**ⓒ**，2. の⑤）

(2)　（×）毎年性能検査を受ける（P.86，**ⓓ**の6.）

(3)　（○）（P.85，**ⓓ**の1.）

(4)　（×）返湯管の途中に設ける（P.87，**ⓕ**の2.）

(5)　（○）（P.86，**ⓔ**の1.）

問題6

(1)　（×）水の吸水性を調べる試験（P.89，**ⓑ**の2.）

(2)　（○）（P.90，**ⓐ**の5.）

(3)　（×）バキュームブレーカーは取付け不要

(4)　（○）（P.91，**ⓑ**の2.）

(5)　（○）（P.92，**ⓓ**の4.）

問題 7

A （2メートル）　　　B （3メートル）（P.94 の**d**参照）

問題 8

(1) （×）50 mm 以上 100 mm 以下（P.96，**c**の 2.）

(2) （○）（P.97 の**d**）

(3) （×）トラップを二重に設けてはならない（P.97，**e**の 1.）

(4) （○）

(5) （○）

問題 9 (4) A は 25 ℃，B は先止め式が入る。例）15 ℃の水を 25 ℃高くして，40 ℃で給湯した場合の 1 分間に出湯する量が，10 L であれば 10 号である。住宅のシャワーなどは，先止め式である。

問題 10 (1) 間接排水とする水受け容器には，トラップを備え，汚水がはねたり，あふれたりしないような形状・容量とする。

問題 11 (2) 各個通気方式は，各器具の排水管からそれぞれ通気管を立ち上げるもので，通気方式のうちで最も完全な機能が期待できる。特に建物の機能上，外部の風圧の影響を強く受ける建物，排水の円滑さを要求される建物，使用頻度の激しい器具群などを持つ建物は，この方式を採用すべきである。

第3章　衛生設備

第4章 電気設備

1. 電気事業法

ⓐ 電気工作物の分類

1. 事業用電気工作物

   主として電力会社の施設

2. 一般用電気工作物

   一般の住宅・商店など低圧需要家の施設

   ① 事業用電気工作物以外の電気工作物

   ② 自家用電気工作物以外の電気工作物

   ③ 600 V 以下の電圧で受電するもの

3. 自家用電気工作物

   工場・ビルなど高圧又は特別高圧需要家の施設

   ① 特別高圧で受電するもの

   ② 高圧で受電するもの

   ③ 構外にわたる電線路を有するもの

   ④ 火薬類を製造する事業場に設置するもの

   ⑤ 政令で指定する炭坑に設置するもの

   ⑥ 自家発電設備（非常用を含む）を有するもの，ただし下記のものを除く

   出力 20 kW 未満の太陽電池発電設備

   出力 20 kW 未満の風力発電設備

   出力 10 kW 未満の水力発電設備（ダムを伴うものを除く）

   出力 10 kW 未満の内燃力発電設備

ⓑ 電気主任技術者の選任

1. 自家用電気工作物施設者は，下記の区分により電気主任技術者を選任しなければならない。

電気主任技術者	構内の電気設備	構外の電気設備
第3種	電圧　50 kV 未満	電圧　25 kV 未満
第2種	電圧 170 kV 未満	電圧 100 kV 未満
第1種	すべて	

2. 上表以外にも次の選任方法がある。

① 第二種電気工事士は 100 kW 未満の自家用電気工作物の主任技術者となることができる。

② 第一種電気工事士は 500 kW 未満の自家用電気工作物の主任技術者となることができる。

③ 次の自家用施設は，電気保安協会に保安監督業務を委託することができる。

　　イ．500 kW 未満の発電所

　　ロ．受電電圧 7 kV 以下で最大電力 2,000 kW 未満の需要設備

3. 自家用電気工作物施設者は保安規定を定め，経済産業大臣に届け出なければならない。

演習問題 1

電気主任技術者が保安の監督をすることができる電気工作物の範囲を電気主任技術者免状の種類に応じて分けている要素として，次のうち正しいのはどれか。

(1) 電気工作物の最大負荷電流によって分けている。

(2) 電気工作物の電圧によって分けている。

(3) 電気工作物の電圧と最大負荷電流によって分けている。

(4) 電気工作物が構内施設か構外施設かは無関係である。

 解答 解説

(2) 電圧によって分けている（前頁，❺の 1.）。

❻ 事故報告

自家用電気工作物を設置するものが，電圧 3,000 V 以上の電気工作物の損傷により，一般電気事業者に供給支障事故を発生させた場合，又は，人身事故あるいは火災事故を発生させた場合には，次の区分により所轄経済産業局長に事故報告しなければならない。

事故	速報	詳報
人身事故 火災事故 供給支障事故	事故が発生した事を知った時から 48 時間以内	事故が発生した事を知った時から起算して 30 日以内

「自家用電気工作物を設置するものが，電圧 3,000〔V〕以上の電気工作物の損傷により，一般電気事業者に供給支障事故を発生させた場合又は人身事故，あるいは火災事故を発生させた場合には，事故が発生した（ A ）から（ B ）以内に速報を，また，事故が発生した（ C ）から（ D ）以内に詳報を，所轄経済産業局長に報告しなければならない。」

上記文章のカッコ内に入る語句の組合せとして，次のうち正しいものはどれか。

	（　　A　　）	（ B ）	（　　C　　）	（ D ）
(1)	（ことを知った時）	（24 時間）	（　　時　　）	（10 日）
(2)	（ことを知った時）	（48 時間）	（ことを知った時）	（30 日）
(3)	（　　時　　）	（24 時間）	（ことを知った時）	（20 日）
(4)	（　　時　　）	（48 時間）	（　　時　　）	（1 週間）

解答 解説

(2)　知った時から速報は 48 時間以内，詳報は 30 日以内（前頁の❸）。

❹　電圧の区分

	直流	交流
低圧	750 V 以下	600 V 以下
高圧	750 V を越え 7,000 V 以下	600 V を越え 7,000 V 以下
特別高圧	7,000 V を越えるもの	

演習問題3

電気事業法で定める交流電圧の高圧の範囲で正しいものはどれか。
(1)　300 V をこえ 3,500 V 以下
(2)　300 V をこえ 7,000 V 以下
(3)　600 V をこえ 7,000 V 以下
(4)　600 V をこえ 10,000 V 以下

解答 解説

(3)　交流の高圧は 600 V をこえ 7,000 V 以下。

2. 電気用品取締法

ⓐ 法の目的

一般用電気工作物に使用される電気用品の製造販売及び使用に制限を加え，粗悪な電気用品による火災，感電，電波障害などの危険及び障害の発生を防止することを目的としている。

ⓑ 種類

1. 甲種電気用品と乙種電気用品に分けられている。
2. 甲種電気用品は主として材料や部品で，乙種電気用品は主として製品又は機械器具である。
3. 甲種電気用品には，逆三角形の中に〒の字を書いたマークが付けられている。
4. 高圧受変電設備などは，取締法の対象外である。

3. 電気設備技術基準

電路の使用電圧の区分		絶縁抵抗値
300 V 以下	対地電圧が 150 V 以下の場合	0.1 MΩ 以上
	その他の場合	0.2 MΩ 以上
300 V を越えるもの		0.4 MΩ 以上

ⓑ 電路の絶縁耐力試験

1. 7,000 V 以下の電路の絶縁耐力試験は，最大使用電圧の 1.5 倍の電圧で行う。
2. 試験電圧の最低は 500 V であること。
3. 試験電圧は連続 10 分間印加すること。
4. 電動機にあっては，巻線と大地間に印加すること。

演習問題4

7,000 V 以下の電路の絶縁耐力試験のうち，誤っているものはどれか。

(1) 電路の最大使用電圧の 1.5 倍の電圧で試験する。

(2) 電動機にあっては，巻線と大地間に試験電圧を印加する。

(3) 試験電圧の最低は 300 V とする。

(4) 試験電圧は連続 10 分間印加する。

解答 解説 ━━━━━━━━━━━━━━━━━━━━━━━━━━━━━━━

(3) 絶縁耐力試験電圧は最低 500 V（**b**の 2.）。

4. 配電方式

a 単相 2 線式

1. 線間電圧 100 V，対地電圧 100 V 方式は，白熱灯やコンセント用等一般家庭用
2. 線間電圧 200 V，対地電圧 100 V 方式は，単相電動機（0.4 kW 以下），大型家庭電気機器用

b 単相 3 線式

線間電圧 100／200 V，対地電圧 100 V は，ビルの 40 W 以上のけい光灯用

c 低圧三相 3 線式

線間電圧 200 V，対地電圧 200 V 方式は，0.4 kW 以上 37 kW 以下の電動機・大型電熱器用

d 三相 4 線式

線間電圧 240／415（265／460）V，対地電圧 240（265）V は特高スポットネットワーク受電等の二次回路用で，カッコ前は 50 Hz 配電地域，カッコ内は 60 Hz 地域

e 高圧三相 3 線式

1. 6.6 kV は大部分の自家用施設への配電用
2. 22 kV は契約電力 2,000 kW 以上の自家用施設への配電用

5. 電動機

ⓐ 回転数

N = 同期速度〔rpm〕，N' = 回転速度〔rpm〕
p = 磁極数，f = 周波数〔Hz〕，S = すべり
とすると次の関係がある。

$$N = \frac{120f}{p} \quad \frac{N-N'}{N} = S \quad N' = (1-S)N$$

ⓑ Y－△始動法

始動時には固定子巻線を Y 結線にして始動し，全負荷速度近くになると自動的に△結線に切り替える方式で，始動電圧は全電圧の $1/\sqrt{3}$，始動電流，始動トルクとも $1/3$ で，用途は 20 kW までである。

ⓒ 三相誘導電動機の回転方向を変えるには，3 線のうち 2 線をつなぎ換えればよい。

ⓓ 保護装置

過負荷，単相（欠相），逆転防止，等を組み合わせた継電器がある。

ⓔ 周波数変更の影響

周波数が増加すると誘導電動機の回転数，効率が増加するがトルクは減少する。また，けい光灯の明るさは増すが寿命は短くなる。なお，電熱器や電気ストーブなどは周波数の影響を受けない。

6. 電気施設管理

ⓐ 負荷率

1. 負荷率とは，ある期間中の平均需要電力（kW）と最大需要電力（kW）との比を百分率（%）で表したもので，次のようにして求める。

$$負荷率 = \frac{平均需要電力}{最大需要電力} \times 100 \, \%$$

2. 負荷率には，日負荷率，月負荷率，年負荷率などがあり，事務所ビルの

平均日負荷率は 30〜40 ％程度である。次に日負荷率の計算例を示す。

　1 日の総使用電力量 ＝ (50×8)＋(100×4)＋(300×4)＋(500×8)

　　　　　　　　　＝ 6,000〔kWH〕

　1 日の平均負荷 ＝ 6,000÷24 ＝ 250〔kW〕

　日負荷率 ＝ 250÷500×100 ＝ 50〔%〕

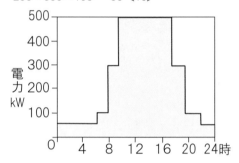

ⓑ　需要率

1. 需要率とは，ある期間における需要家の最大需要電力と設備容量との比を百分率（%）で表したもので，次のようにして求める。

$$需要率 ＝ \frac{最大需要電力}{設備容量} ×100 〔%〕$$

2. 需要率が高いほど設備の利用度が高いことを示し，事務所ビルの需要率は 50 ％前後である。次に次図における需要率の計算例を示す。

　需要率 ＝ 500÷1,000×100＝50〔%〕

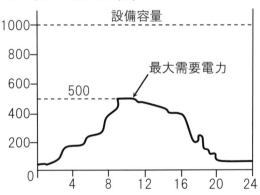

7. 変圧器

ⓐ 変圧比

1. 変圧比とは，変圧器の一次側と二次側の巻線の巻数比をいう。
2. 一次側と二次側のそれぞれの電圧を V_1，V_2，巻数を n_1，n_2，電流を I_1，I_2 とすると次の関係式が成り立つ。

$$変圧比 = 巻数比\alpha = \frac{n_1}{n_2} = \frac{V_1}{V_2} = \frac{I_2}{I_1}$$

3. 変圧器の端子記号は，通常一次側を大文字，二次側を小文字で表す。

ⓑ 変圧器の結線

複数変圧器の結線方法には次図の方法がある。

ⓒ V 結線の出力

単相変圧器 2 台による V 結線のバンク（総合）容量は次の式で求められる。

バンク容量 $= \sqrt{3} \times$（変圧器 1 台の出力）
V 結線と△結線の出力比 $= \sqrt{3}/3 = 0.577$（57.7 %）
V 結線の利用率　　　　$= \sqrt{3}/2 = 0.866$（86.6 %）

ⓓ 変圧器の損失

1. 変圧器の損失 = 無負荷損＋負荷損
2. 主な無負荷損 = 鉄損 = ヒステリシス損＋うず電流損 = 一定
3. 主な負荷損　 = 銅損 = 抵抗損 = 負荷電流の 2 乗に比例

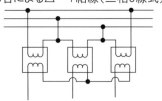

3台による△－△結線（三相3線式）

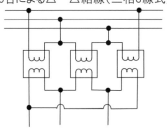

2台によるV－V結線（三相3線式）

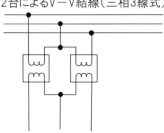

3台によるY－Y結線（三相3線式）

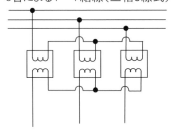

3台によるY－△結線（三相3線式）

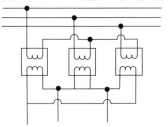

演習問題 5

10〔kVA〕の単相変圧器3台を使用して三相3線式で配電していたところ1台が故障したため，故障した変圧器を切り離し，残り2台で三相3線式配電をする場合，変更後の変圧器の総合出力の説明として，次のうち正しいものはどれか。

(1) 10〔kVA〕×3台 = 30〔kVA〕が
10〔kVA〕×$\sqrt{2}$ ≒ 14〔kVA〕となる。

(2) 10〔kVA〕×3台 = 30〔kVA〕が
10〔kVA〕×2台 = 20〔kVA〕となる。

(3) 10〔kVA〕×3台 = 30〔kVA〕が
10〔kVA〕×$\sqrt{3}$ ≒ 17〔kVA〕となる。

(4) 変更後も出力は同じである。

解答 **解説** ～～～～～～～～～～～～～～～～～～～～～～～～～～～～～～～～～～～～

(3) ルート3倍（約1.73倍）になる（P.117の❻）。

❺ 変圧器の効率

1. 変圧器の全負荷時の効率（負荷率）は次式で求める。

$$負荷率 = \frac{出力}{出力＋鉄損＋銅損}×100 \%$$

2. 変圧器の効率は，鉄損と銅損が等しい時に最高となる。

3. 変圧器の全日効率は次式で求める。

$$全日効率\eta = \frac{W}{W＋W_1＋W_2}×100 \%$$

W＝1日中の全出力電力量〔kWH〕

　＝〔変圧器容量（kVA）×負荷の割合×力率×負荷時間（h）〕の合計

W_1＝1日の鉄損電力量〔kWH〕＝鉄損（kW）×24（h）

W_2＝1日の銅損電力量〔kWH〕

　＝〔銅損（kW）×(負荷の割合)^2×負荷の時間（h）〕の合計

演習問題6

　変圧器の全負荷時の効率を求める計算式として，次のうち正しいものはどれか。

(1) $\dfrac{出力－鉄損－銅損}{出力}×100$〔％〕

(2) $\dfrac{出力＋鉄損}{出力＋銅損}×100$〔％〕

(3) $\dfrac{出力}{出力＋鉄損＋銅損}×100$〔％〕

(4) $\dfrac{出力}{出力＋鉄損－銅損}×100$〔％〕

解答 **解説** ～～～～～～～～～～～～～～～～～～～～～～～～～～～～～～～～～～～～

(3) 出力／出力プラス損失分…となる。

第4章
電気設備

8. 屋内配線工事

● 施設場所と工事の種類

（無条件で施工できるもののみを示す）

工事の種類	展開場所 乾燥した場所	開所 湿気のある場所	隠ぺい場所 点検可 乾燥した場所	隠ぺい場所 点検可 湿気のある場所	隠ぺい場所 点検否 乾燥した場所	隠ぺい場所 点検否 湿気のある場所	屋屋 雨に濡れない所	側外 雨に濡れる所	木造で展開した場所	特殊場所 爆燃性粉塵 可燃性ガス等のある所	特殊場所 可燃性粉塵 危険物火薬等のある所
ケーブル工事	●	●	●	●	●	●	●	●		●	●
金属管工事	●	●	●	●	●	●	●	●		●	●
合成樹脂管工事	●	●	●	●	●	●	●	●	●		●
2種金属製可とう電線管工事	●	●	●	●	●	●	●	●			
がいし引工事	●	●	●	●					●		
金属ダクト工事	●		●								
バスダクト工事	●		●								

9. 電　線

● 主な電線の許容電流

電線太さ	絶縁電線 単線（mm）				絶縁電線 撚り線（mm²）			コード 撚り線（mm²）		
	1.6	2	2.6	3.2	5.5	8	14	0.75	1.25	2
許容電流（A）	27	35	48	62	49	61	88	7	12	17

　屋内配線工事で，木造で展開した場所を除く全ての施設場所で行える工事の種類は次のうちどれか。

(1)　がいし引工事

(2)　金属管工事

(3)　金属ダクト工事

(4)　バスダクト工事

解答 **解説** ～～～～～～～～～～～～～～～～～～～～～～～～～～～～～～～～～～～

(2)　金属管工事には制限規定がない（前頁，8. の表）。

問題1 　同期速度が1,800 rpm, 磁極数4極, 周波数60 Hz, 滑り5％ (0.05) の誘導電動機の回転数を求めなさい。

問題2 　交流電気回路に設けた進相コンデンサによる力率改善の効果と最も関係のないものはどれか。

(1) 電路及び変圧器内の電力損失の軽減

(2) 電圧降下の改善

(3) 電力供給設備余力の増加

(4) 感電事故の予防

問題1

$N' = (1-S)\,N$ より 1,800 $(1-0.05) = 1,710$ 〔rpm〕（P.115，5. の❸）。

問題2 ⑷ 　進相コンデンサは，力率の改善をするもので，感電事故を予防するためには，漏電遮断器を設ける。漏電遮断器は，電気回路の絶縁が低下し，火災や感電の危険が発生したとき，回路を自動的に遮断する装置である。

第4章　電気設備

第一次検定

第5章 建築構造

1. 建築構造

ⓐ S造の得失

1. 鉄骨（Steel）構造の建築物をS造と言う。
2. 利点①柔構造のため耐震性が高い。
　　　②超高層建物，大スパン建築物に適している。
　　　③強度が高いので部材断面は小さくなる。
　　利点①露出している鉄骨の耐火性は低い。

ⓑ RC造の得失

1. 鉄筋（Reinforce）コンクリート（Concrete）構造の建築物をRC造と言う。
2. 利点①剛構造のため変形が少ない。
　　　②中層建築物に適している。
　　欠点①構造物の自重が大きく，梁，柱の断面が大きくなる。
　　　②耐火構造であるが長時間火災にあうと強度が低下する。
　　　（500℃で引張り強度は平常時の75％）

ⓒ SRC造の得失

1. 鉄骨鉄筋コンクリート構造の建築物をSRC造と言う。
2. 利点　RC造よりも更に高層の建築が可能である。
　　欠点　構造物の自重が更に大きくなる。

ⓓ トラス構造

1. 節点がピン接合で組み立てられた構造をトラス構造という。
2. トラス構造では，原則として構成面を三角形とする。
3. トラス構造にすれば，外力が掛かっても構造体の変形は少ない。
4. トラス構造では，垂直材と水平材は引張応力に抵抗し，斜め材は圧縮応力に抵抗する。
5. トラス構造は柔構造の基本で超高層ビルに適する。
6. トラス構造の概要図を次に示す。

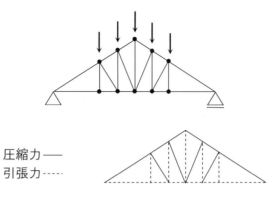

圧縮力 ――
引張力 ‥‥‥

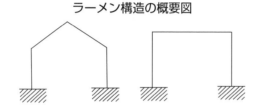

❻ ラーメン構造

1. 接合部を剛に接合した構造をラーメン構造という。
2. 鉄筋コンクリート建築物はラーメン構造である。
3. ラーメン構造は変形は少ないが自重が大となる。

ラーメン構造の概要図

演習問題 1

　鉄筋コンクリート造に関する次の記述のうち，誤っているものはどれか。

(1)　鉄筋コンクリート建築物は，一般にラーメン構造である。

(2)　鉄筋とコンクリートの線膨張係数は，ほぼ同じである。

(3)　コンクリートはアルカリ性であるため，鉄筋の錆びるのを防ぐ効果を果たしている。

(4)　鉄筋は主として圧縮応力を分担し，コンクリートは主として引張応力を分担する。

解答 解説 ～～～～～～～～～～～～～～～～～～～～～～～～～～～～～～～～～

(4)　記述が逆，鉄筋は引張り，コンクリートは圧縮応力を分担。

2. 建築基礎 重要

ⓐ 基礎（フーチング）

基礎には次の種類がある。
① 独立基礎・・・・柱の下だけに作る基礎
② 布基礎・・・・・壁下に添って作る基礎
③ べた基礎・・・・建物全体の下にコンクリートの板を作って建物を支える基礎

ⓑ 地業

1. 基礎の下の部分を地業と言う。
2. 割ぐり地業，玉石地業，杭地業などがある。
   基礎まわりの構造を下に示す。

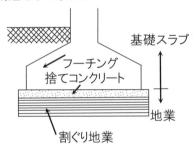

ⓒ 杭

1. 杭には支持杭と摩擦杭とがある。
   ①支持杭は，杭の先端を岩盤や硬い砂れき層などの堅固な地盤に支持し，先端の抵抗（支持力）により上部の重量を支える杭である。
   ②摩擦杭は，先端が硬い地盤まで届かないような場合に，土との間に作用する摩擦力によって上部構造を支持する杭である。
2. 同一の建築物には，支持杭と摩擦杭を併用しないことが望ましい。

ⓓ 地盤

1. 砂質地盤は一般に粘土質地盤よりも地耐力が大きい。
2. 地盤の許容支持力〔t／m²〕は，基礎底面の大きさや根入れ深さに比例

して増大し，基礎底面の形状などによっても変わる。

3. 基礎底面は，地盤が岩盤の場合は，砂の場合よりも小さくて良い。
4. 一様な粘土質地盤では，基礎幅を増やして支持力の増加を図る。

3. 鉄 筋

ⓐ 鉄筋の種類（配筋図に図示の a〜f）と役目

配筋図

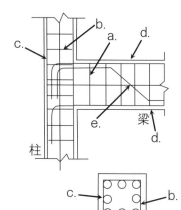

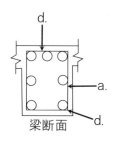

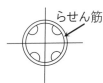

a. あばら筋（補助筋，スターラップともいう）は，梁に作用するせん断力に抵抗する。
b. 帯筋（補助筋，フープ筋ともいう）は，柱に作用するせん断力に抵抗する。
c. 柱の主筋は，柱に作用する曲げモーメントと軸方向力に抵抗する。
d. 梁の主筋は，梁に作用する曲げモーメントに抵抗する。
e. 梁の折曲げ筋（補助筋）は，その部分に作用するせん断力に抵抗する。
f. らせん筋（補助筋の一種）は，丸柱に作用するせん断力に抵抗する。

ⓑ 梁貫通穴の直径

梁にあける設備用の貫通穴の直径は，梁せいの1／3以下とし，穴の周囲を鉄筋で補強しなければならない。

演習問題 2

建築構造に関する次の記述のうち，誤っているものはどれか。

(1) トラス構造とは，長尺橋梁や体育館の屋根のように，接点がピンで接合された柔構造のものをいう。

(2) 建築構造のうちラーメン構造とは，鉄骨鉄筋コンクリート造のように変形がほとんど許されない剛構造のものをいう。

(3) 鉄骨は不燃材料であるから。耐火被覆をする必要はない。

(4) 鉄骨の梁に止むを得ず設備用の貫通穴を開けなければならない場合は強度の低下を極力防ぐため，梁の中央部に穴を開け，柱との接合部に近いところには開けてはならない。

解答 解説 ....

(3) 鉄骨には必ず耐火被覆をほどこすこと。

ⓒ かぶり厚さ

1. コンクリートの表面から鉄筋又は鉄骨の表面までのコンクリートの厚みを，コンクリートのかぶり厚さと言う。

2. コンクリートのかぶり厚さは建築基準法で定められている。

相手	種 別	部 分	かぶり厚さ
鉄筋	土に接しない部分	床，耐力壁意外の壁	2 cm 以上
		耐力壁，梁，柱	3 cm 以上
	土に接する部分	梁，柱，壁，床，布基礎の立上り部分	4 cm 以上
		布基礎の立上り部分を除く基礎	6 cm 以上
鉄骨			5 cm 以上

4. 支 点　重要　重要　重要

ⓐ 支点の種類と記号は次図のとおりである。

1. 可動端————1 つの力が作用（例，ローラー接合，移動端とも言う）
2. 回転端————2 つの力が作用（例，ピン接合）

3. 固定端―――3つの力が作用（例，溶接接合）

可動端

（例）ローラー
一つの力が作用

回転端

（例）ピン
二つの力が作用

固定端

三つの力が作用

❺ 梁構造の基本形

梁の構造には，下図に示す4つの基本形がある。

梁構造の基本形

両端固定梁　　　単純梁　　　片持梁　　　　連続梁

❻ 曲げモーメント図

1. 曲げモーメント＝（荷重）×（支点からの距離）
2. 曲げモーメント図は，上記値を図示したもの。
3. 主な梁の曲げモーメント図を次に示す。（特に重要なもの　次頁 a.〜h.）

主な梁の曲げモーメント図

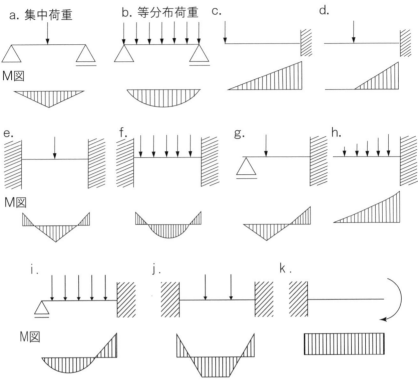

a. 集中荷重　　b. 等分布荷重　c.　　　　　　d.

M図

e.　　　　　f.　　　　　g.　　　　　h.

M図

i.　　　　　j.　　　　　k.

M図

演習問題3

　等分布荷重を受ける単純ばりの曲げモーメント図として，正しいのは次のうちどれか。

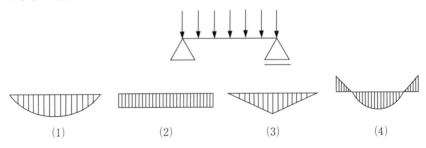

(1)　　　　　　(2)　　　　　　(3)　　　　　　(4)

解答 解説 ┈┈┈┈┈┈┈┈┈┈┈┈┈┈┈┈┈┈┈┈┈┈┈┈┈┈┈┈┈┈

(1) 単純ばりの等分布荷重の曲げモーメント図は半円形。

5. コンクリート

ⓐ コンクリートの性質

1. コンクリートの強度は，セメントの強度に比例し，打設後相当長期にわたって増進する。

2. コンクリートの強度は，水セメント比が大きくなると（水の割合が増すと）低下する。

3. コンクリートの線膨張係数は鋼材のそれとほぼ同じ。

4. コンクリートはスランプが大きいほど収縮歪は大きく，打ち込み時に材料が分離しやすい。

5. コンクリートの品質の三大目標は，強度，ワーカビリティ（作業性)，及び耐久性である。

6. 海砂を用いても，コンクリートの強度に対する影響は少ない。但し，洗浄が不十分だと鉄筋の錆びを招く。

7. 単位セメント量が過少の場合は，ワーカビリティが悪くなる。

8. 細骨材率が高すぎる場合は，流動性の悪いコンクリートになりやすい。

9. コンクリートはアルカリ性のため鉄筋が錆びるのを防ぐ。

10. コンクリートは引っ張りには弱いが圧縮には強い。ただし，木材の繊維方向よりは弱い。

11. コンクリートの耐火性能は花こう岩より良いが，長時間の火炎にあうと強度は低下する。

12. コンクリートの凝結時間は温度が高いと短縮される。

13. コンクリートの熱伝導率（5.86 kJ／m・h・℃）は木材（0.38～0.63）より大きい。

14. コンクリートは乾燥収縮による亀裂が大きいので，急激な乾燥を避け温度を高め養生する。

15. コンクリートの硬化は，結晶水の存在する間は継続する。

16. コンクリートの摩耗を防ぐためには，骨材に硬いものを使い砂はあまり細かい物を避ける。

第5章 建築構造

演習問題 4

コンクリートの性質に関する次の記述のうち，誤っているものはどれか。

(1) コンクリートの水セメント比とは〔(水の重量／セメントの重量)×100〕％をいう。

(2) コンクリートの強度は，水セメント比が大きくなると低下する。

(3) 水セメント比の値は，通常 10〜20 ％である。

(4) コンクリートは耐火性能に優れているが，長時間の火炎にあうと強度は低下する。

解答 解説 ....

(3) コンクリートの水セメント比の値は通常 55〜70 ％。

❺ セメント

1. セメントの原料は，主として石灰石と粘土である。

2. 一般の鉄筋コンクリート工事に最も多く使用されるのは，ポルトランドセメントである。

演習問題 5

水セメント比の定義として，次のうち正しいものはどれか。

(1) (水　の　体　積)÷(セメントの体積)×100〔％〕

(2) (水　の　重　量)÷(セメントの重量)×100〔％〕

(3) (セメントの体積)÷(水　の　体　積)×100〔％〕

(4) (セメントの重量)÷(水　の　重　量)×100〔％〕

解答 解説 ....

(2) セメントの重量に対する水の重量の割合。

6. 建築材料

❶ 不燃材料

コンクリート，煉瓦，瓦，石綿スレート，鉄鋼，アルミニウム，ガラス，モルタル，しっくい。

ⓑ　準不燃材料

1. 石こうボード，木毛セメント板。
2. 石こうボードは防火性，防腐性に富むが耐水性に劣る。

ⓒ　石材

1. 大理石は，酸や雨水に弱く風化しやすい。
2. 花こう岩は，耐久性に富むが，耐火性に乏しい。

ⓓ　金属材料

1. 18-8鋼は，クロム18％，ニッケル8％を含むステンレス鋼で，極めて錆びにくい。
2. 普通の鋼材（軟鋼）の引張強さは，温度が300℃を超えると極端に低下し450℃では半減する。
3. 鉄骨構造の柱や梁の耐火被覆の性能は，鋼材の表面温度が450℃以下となるよう定められている。
4. アルミニウムを銅と接触させて用いると，アルミニウムが腐食する。

ⓔ　塗料

1. 油性ペイントはアルカリに侵されるので，コンクリート面に塗るのは不適当である。
2. 水溶性エマルジョン塗料は，コンクリート面やプラスチックボード面に用いる一般塗料で，塗りやすく乾燥も比較的早い。

演習問題6

　水溶性エマルジョン塗料に関する次の記述のうち，不適当なものはどれか。

(1) コンクリート壁面には，水溶性エマルジョン塗料が適している。
(2) アルカリ性のコンクリートに馴染みやすい利点がある。
(3) 伸びが良いため塗りやすく，乾燥も比較的早い。
(4) 塗装の際に引火性ガスを発散するので，火気厳禁の注意が必要である。

解答 解説 ·······

(4) 引火性はないので火災の心配はない。

演習問題7

　床材と天井材に関する次の記述のうち，誤っているものはどれか。

(1)　ビルの玄関の床材には，花こう岩が多く用いられる。

(2)　ビルの床材に最も多く使われているのは，Ｐタイルである。

(3)　天井の下地材には，石こうボード（プラスターボード）が多く用いられる。

(4)　石こうボードは，準不燃材料で耐水性にも優れているが，耐重量には弱い。

解答 解説

(4)　石こうボードは耐水性には劣る（前頁，❻の2.）。

演習問題8

　コンクリート工事に関する記述のうち，適当でないものはどれか。

(1)　打込み後，硬化中のコンクリートに振動及び外力を加えないようにする。

(2)　型枠の最小存置期間は，平均気温が低いほど長くする。

(3)　コンクリートのスランプ値が大きくなると，ワーカビリティーが悪くなる。

(4)　夏期の打込み後のコンクリートは，急激な乾燥を防ぐために湿潤養生を行う。

解答 解説

(3)　スランプは，コンクリートの軟らかさの程度を示す指標で，主にコンクリート打込みの施工性から定められている。また，ワーカビリティーは，コンクリート材料の分離が生じることなく，打込み，締固めなどの作業が容易にできる程度を示す総合的な指標であり，通常スランプ値で表され施工軟度とも呼ばれている。作業の容易性だけを考えれば，スランプが大きく，流動性がよいほど，ワーカビリティーはよいといえる。したがって，スランプ値が大きいと軟度が高くなり，ワーカビリティーがよくなる。

問題1　次に示すトラス構造の各部材に掛かる応力の組合せで，正しいものはどれか。

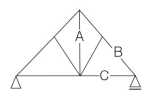

	部材 A	部材 B	部材 C
(1)	引張応力	圧縮応力	圧縮応力
(2)	圧縮応力	圧縮応力	引張応力
(3)	圧縮応力	圧縮応力	引張応力
(4)	引張応力	圧縮応力	引張応力

問題2　はりの曲げモーメント図を下に作図しなさい。

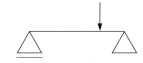

問題 1 (4)　垂直材と水平材は引張応力を受け，斜め材は圧縮応力を受ける（P.127 上）。

問題 2

　曲げモーメント図は右図のようになる。（P.132 上の ❷ と ❸）

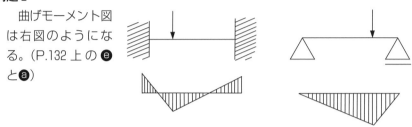

1 配管・風道

1. 配管材料

ⓐ 給水用配管材料

1. 鋳鉄管は口径 75 mm 以上で，主として土中埋設配管に使用される。
2. 亜鉛めっき鋼管は，従来，一般的な配管として広く使用されてきたが，他の配管材料に比し腐食に弱いので使用されることが少なくなった。
3. ポリエチレン粉体ライニング管は，耐食性に優れ，盛んに使用され始めている。
4. 銅管は管内の流水摩擦抵抗が少なく，かつ，耐食性に優れているが高価なために使用される機会が少ない。
5. 鉛管はコンクリートなどのアルカリ性に弱く，高価なことや，配管が自重で垂れやすく，その支持が面倒なことなどから，最近はあまり使われていない。

演習問題 1

給水用配管材料に関する次の記述のうち，不適当なのはどれか。

(1) 亜鉛メッキ鋼管は，赤水の原因となりやすい。
(2) ポリエチレン粉体ライニング鋼管は，耐食性に優れているが，接合部の加工に注意を要する。
(3) 鉛管は変形が比較的自由であるが，コンクリート中に埋め込んで配管してはならない。
(4) ステンレスは錆びにくいが，溶接は容易である。

解答 **解説** ～～～～～～～～～～～～～～～～～～～～～～～～～～～～～～～～～～

(4) ステンレスの溶接は困難である。

ⓑ 給湯用配管材料

1. 給湯設備に用いる配管材料として最も良いものは銅管である。
2. 銅管が給湯配管に適している理由として，耐食性が優れている，水素イ

オンとの置換反応がない，摩擦損失水頭が小さい，たわみ性が大きく加工しやすい，重量が軽く運搬しやすい，などがあげられる。

3. 65 ℃〜75 ℃の湯は鉄を腐食させる速度が最も大きいので，給湯用に鋼管を使用するのは好ましくない。

ⓒ 排水用配管材料

1. 排水用鋳鉄管には，管径 50 mm 未満のものはない。
2. 鉄筋コンクリート管又は水道用石綿セメント管は，屋外の埋設配管として使用してよい。
3. 陶管を建築物内の配管として使用してはならない。
4. 鉛管はアルカリ性に弱いので，コンクリートスラブ内に直接埋設してはならない。又コンクリートの床や壁を貫通するところでは，管の外面に被覆を施す。
5. 亜鉛メッキ鋼管を排水用に使用する場合は，管径に関係なく原則としてドレネージ継手（ねじ込み式排水管継手）を使用しなければならない。

ⓓ 通気管材料

1. 通気管用の配管材料には，亜鉛めっき鋼管が多く使用される。
2. 硬質ビニル管も多く使用されている。

2. 配管方式，配管施工

ⓐ 給水配管方式

1. 上向式配管方式では，給水立て主管に故障が起こると全系統が機能を停止したりすることが起こり得る。
2. 上向式配管方式では，天井高が高くて比較的スペースに余裕のある機械室で主管を展開できる。
3. 下向式配管方式では，最上階の天井で主管を展開するため，上向式の場合のように太い給水主管を下の階まで下げる必要がなく設備費が割合に経済的である。
4. 下向式配管方式は，屋上に高置水槽を置き水を下方に送るので配管中に空気がたまることは少ない。
5. 上向式配管方式では，弁の調整，操作などを機械室で行うことができ，

系統的に配管することができる。

❻ 給湯配管方式

1. 配管中に空気溜まりができるのを防止するため，配管には勾配をつける。
2. 給湯設備の配管方式には上向式と下向式があり，いずれを採用してもよい。
3. 管の伸縮に備えて伸縮継手を配管の途中に取付ける。
4. 給湯設備の横走配管に単式のベローズ形伸縮継手を取り付ける場合の設置間隔は，鋼管では30mおきに1個，銅管では20mおきに1個取り付ける。
5. 管の勾配は，空気抜き管の方へ向かって，少なくとも1／200〜1／300とする。
6. 管の線膨張係数は銅管で16.6×1／1,000,000，鋼管で11.5×1／1,000,000程度である。
7. リバースリターン方式とは，湯の温度を均一にするために往路（給湯管）と返路（返湯管）の長さの合計を等しくする方式をいう。
8. 連続的に湯を使用する場合には，返湯管は必ずしも必要でない。
9. 貯湯槽への給水管には逆止め弁を設け，温水の逆流を防止する。
10. 給湯配管を給湯用の各種設備，器具等に接続する場合には，吐水口空間を設けなければならない。
11. 給湯配管に設ける弁は仕切弁を用い，玉形弁は空気溜りを生じやすいので使用しない。
12. 温水ボイラーの逃がし管の管径は，ボイラーの伝熱面積によって定まる。

❼ 排水管施工

1. 排水横管を合流させる場合は，45°以内の鋭角で流れを阻害しないように接続する。
2. 排水管の接続にはユニオンを使用してはならない。
3. 排水管に亜鉛めっき鋼管を使用する場合の接続にはドレネージ継手を使用しなければならない。
4. 排水管は，排水の流下方向の管径を縮小してはならない。
5. 排水管の最小管径は30mmとする。
6. 排水横管の流速は一般に0.6〜1.2m／sが適当とされている。

7. 鉛管はコンクリートのアルカリ性に弱いので，コンクリートの壁を貫通させる場合には管の外面に被覆を施す。

8. 排水管として使用する管径 125 mm の硬質塩化ビニル管が防火構造の壁を貫通する場合には，その外面を厚さ 0.5 mm 以上の鉄板で覆わなければならない。

ⓓ 雨水排水管施工

1. 雨水排水立て管には排水トラップを設けなくてもよいが，雨水排水立て管以外のすべての雨水排水管を汚水管や雑排水管に連結する場合は，その雨水排水管に排水トラップを設けなければならない。

2. 雨水排水管に設ける排水トラップは，雨水排水管ごとに設けるか，または雨水排水管のみを集めてからまとめて一箇所に設ける。

3. 雨水排水管に設ける排水トラップは，屋内用は U トラップ，屋外用は U トラップあるいはトラップますとする。

4. 雨水排水立て管は，汚水排水管と兼用してはならない。また，通気管と兼用してはならない（⇒単独に立ち下げる）。

5. 雨水排水立て管の途中に，雑排水管を連結してはならない。

演習問題 2

排水管の施工に関する次の記述のうち，不適当なものはどれか。

(1) 排水立て管の最下部又はその付近には掃除口を設ける。

(2) 通常，雨水排水立て管の途中に，雑排水管を連結して排水会所に導く。

(3) 敷地排水管は，下水本管に向かって下り勾配とする。

(4) 排水管に亜鉛めっき鋼管を使用する場合の接続には，ユニオンを使用してはならない。

解答 解説 ～～～～～～～～～～～～～～～～～～～～～～～～～～～～～～

(2) 雨水排水立て管の途中に他の排水管を連結してはならない（ⓓの 5.）。

ⓔ 排水勾配

1. 敷地排水管は下水本管に向かって下りこう配とする。

2. 適当な排水管の勾配は，管径 65 mm 以下は 1／50，75 mm 以上はおよそ管径の逆数程度である。

3. 排水槽の底には，吸い込みピットを設け，かつ当該吸い込みピットに向

かって 1 / 15 以上 1 / 10 以下の勾配をつける。

4. すべての通気管は，管内の水滴が自然落下によって流れるように注意し，逆勾配にならないように排水管に接続しなければならない。

5. 給水タンクの底部には，吸い込みピットを設け，かつ当該吸い込みピットに向かって適切な勾配をとることが望ましい。

6. 排水横管の勾配は，通常 1 / 25 より急な勾配はとるべきではないとされている。

7. 管径 150mm 以上の排水横主管の勾配は，最小 1 / 200 が標準とされている。

3. 配管の腐食と防食

ⓐ 配管腐食

1. 鋼管の腐食は，水中の溶存酸素の溶出，炭酸塩の分解による遊離炭酸の発生，電導度の増加による電食速度の増加等によるものとされている。

2. 水温が 80 ℃以上になると酸素溶解度が著しく低下するために，腐食速度は低下する。

3. 一般に水の温度が 10 ℃上昇するごとに腐食量は 2 倍程度になるといわれる。

4. 異種金属の管を接続する時には，電食に注意しなければならない。

5. 温水暖房配管に比べ，給湯配管の方が腐食を促進する溶存酸素や残留塩素が補給されるので腐食しやすい。

ⓑ 防錆剤

1. 防錆剤の使用は，赤水等対策として給水配管の布設替えや貯水槽の取替え等を行うまでの応急対策としてのみ使用する。

2. 給水用防錆剤の注入方法は，揚水ポンプの揚水量に見合った比例注入などの方法によること。

3. 給水用防錆剤の含有率は，定常時においては，りん酸塩系を使用する場合は，P_2O_5 として 5 mg／ℓ，けい酸塩系を使用する場合は SiO_2 として 5 mg／ℓを超えてはならない。上記 2 種類の混合物を使用する場合，定常時においては合計として 5 mg／ℓを超えてはならない。

4. 給水用防錆剤の濃度は，定常時においては，2 月以内ごとに 1 回の検査

を行わなければならない。

5. 給水栓における水に含まれる防錆剤の主成分の含有率は，注入初期においては最初の1週間に限り 15mg／ℓ 以下とする。

6. 固形状の防錆剤をかごの中などに入れ高置水槽に投入してはならない。

4. 配管用語

1. 配管勾配とは，管の中心線と水平線とのなす角度をいい，一般には横走配管の一定水平投影長さに対する垂直長さをいう。

2. 動水勾配とは，水が土中を流れるときの土の単位長さあたりの損失水頭のことをいう。

3. オフセットとは，ある配管から，それと平行な他の配管へ配管を移すために，エルボまたはベンド継ぎ手で構成されている移行部分をいう。

4. 配管長とは配管の中心線に沿って測った長さをいう。

5. ダクト

ⓐ ダクト特性

1. 送風量とダクト系中のダンパのベーンの角度は，一般に正比例しない。

2. ある送風系統で，ダンパを開けると抵抗が減少するが，所要動力が減少するとは限らない。

3. 送風速度を2倍にするとダクトの摩擦損失（$v^2／2\,g$）は4倍になる。

4. ダクトの寸法を大きくすると，送風量が増して送風機の動力が増し，送風抵抗が減少して送風機の出口圧力が下がり，断面平均風速は増加する。なお，ダクトの鉄板を厚くしたり補強するなど，音や振動に対する考慮が必要になる。

5. 一般に送風機の出口のダンパを絞ると騒音が発生しやすい。

6. ダクトの材質には，一般に亜鉛引き鉄板を使用する。

7. ダクトの保温材施工が不完全であると熱損失を生じエネルギーの浪費となる。

8. 高速ダクトには，一般に円形のスパイラルダクトを使用する。

9. ダクト系には，火災の延焼防止上防火ダンパを使用する。特に防火区画

を貫通する部分には必ず設ける。

10. 消音箱は，ダクトの末端と吹出し口との間に設け，内側にグラスウールなどの吸音材を貼り付け音の吸収拡散作用で送風機や気流による発生騒音の消音を行うもので，ダクトなどを通しての隣室への音の漏れを防ぐのが主目的である。

❺ ダクトの風速

1. ダクト内の風速が 15 m／s を超えるものを高速ダクト方式といい 15 m／s 以下を低速ダクト方式という。

2. 高速ダクトはダクトスペースが十分とれない場合や高層ビルで採用されている。

❻ アスペクト比

1. 角ダクトの横幅と縦幅の比をアスペクト比という。

2. アスペクト比は 4 以下が望ましい。

❼ ダイヤモンドブレーキ

1. ダクトの鉄板の表面にクロス状に突起を設けたものをダイヤモンドブレーキ又はクロスブレーキという。

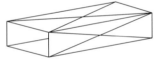

2. 送風の開始時や停止時にダクトの鉄板が波打ちして騒音を発するのを防止する目的と，補強も兼ねて設ける。

演習問題3

ダクト及びダンパに関する次の記述のうち，不適当なものはどれか。

(1) 送風量とダクト系中のダンパのベーンの角度とは，一般に正比例しない。

(2) ダイヤモンドブレーキ又はクロスブレーキは，ダクトの波打ちによる騒音を防止するために設ける。

(3) ダクトが防火区画を貫通する部分には必ず防火ダンパを設けなければならない。

(4) ダクトのアスペクト比は，4 以上でなければならない。

(4) ダクトのアスペクト比は 4 以下が望ましい（❻の 1.）。

❷ ダンパの種類

1. 防火ダンパ（FD・ファイヤーダンパ）は，ダクトが防火区画を貫通する箇所に設ける。
2. FD には火炎でヒューズが溶断して閉鎖するものと煙感知器と連動して閉鎖するものとがある。
3. 風量調整ダンパ（CD・コントロールダンパ）は，可動羽根を開閉して通過風量を調整するもので，手動開閉のものと電動装置による遠隔操作のものとがある。
4. 防火調整ダンパ（FCD・ファイヤーコントロールダンパ）は，FD と CD の機能を兼ね備えたダンパである。
5. 分岐ダンパ（BD・バランスダンパ又はブランチダンパ）は，ダクトの分岐箇所に設け，左右ダクトへの風量配分や側風道への風量増減調整に用いる。

❻ ダンパの特性

1. 平行羽根形ダンパの働きについて，流量はダンパ羽根の角度とは必ずしも正比例せず，ダンパが全閉となる直前に急に流量が減少することが多い。なおダンパ開度を 0 にしても多少空気流を生ずる。
2. ダクトのダンパを絞ると圧力抵抗が増え風量が減少する。

❼ ダンパの表示法

図面上のダンパの表示は下図のように行う。

ダンパの表示法

| 防火ダンパ | 風量調整ダンパ | 防火調整ダンパ | 分岐ダンパ |
| FD | CD | FCD | BD |

演習問題 4

ダクト図面に記入されるダンパの記号とその名称との組み合わせで，次のうち正しいのはどれか。

	防火ダンパ	調整ダンパ	防火調整ダンパ	分岐ダンパ
(1)	FD	CD	FCD	BD
(2)	CD	FD	BD	FCD
(3)	BD	FCD	FD	CD
(4)	FCD	FD	CD	BD

解答 解説

(1) 上記の図参照

ⓗ 防火ダンパ施工

防火区画を貫通する部分に設ける防火ダンパは，防火区画の両側について各1mの部分を耐火材で被覆しなければならない。

ⓘ 消音器

1. 吹出口の手前で消音材を内張りしたボックスを接続したものをプレナムチャンバといい消音効果がある。
2. ダクトの直角エルボに消音材を内張りしたものは消音効果がある。

2 消火設備

1. 屋内消火栓設備

ⓐ 1号消火栓主要技術基準（従来からの型）

項 目	主要技術基準
配置	水平距離で 25 m 以内ごと
放水圧力	0.17MPa 以上（0.7MPa 以下）
放水量	2.6 m³／ノズル（130ℓ／分・個×20分）
水源	2.6 m³×同一階消火栓個数（最大2個＝5.2m³）
開閉弁	40 A，50 A または 65 A
立上り主管径	50 mm 以上（放水口送り兼用の場合 65 mm 以上）
ノズル口径	13 mm
ホース	15 m×2 本
開閉弁高さ	床面上 1.5 m 以下
ポンプ揚水量	150ℓ／分×同一階消火栓個数（最大2個＝300ℓ／分）
呼水槽	100ℓ 以上
非常電源	容量 30 分以上，自家発電または蓄電池

演習問題 5

1号屋内消火栓設備に関する次の記述のうち，不適当なものはどれか。

(1) 1号屋内消火栓は，水平距離で 25 m 以内ごとに設置しなければならない。

(2) ノズル先端からの放水圧力は 0.17 MPa 以上でなければならない。

(3) 開閉弁の高さは床面上 1.5 m 以下とする。

(4) 消火栓ポンプには容量 50ℓ 以上の呼水槽を設ける。

(4) 呼水槽の容量は 100ℓ 以上でなければならない。

❺ 2号消火栓主要技術基準（弱者施設に設置）

項　目	主要技術基準
配置	水平距離で 15 m 以内ごと
放水圧力	0.25 MPa 以上（0.7 MPa 以下）
放水量	1.2 m³／ノズル（60ℓ／分・個×20分）
水源	1.2 m³×同一階消火栓個数（最大 2 個＝2.4 m³）
開閉弁	32 A
立上り主管径	32 mm 以上（放水口送り兼用の場合 65 mm 以上）
ノズル口径	13 mm
ホース	32 A×20 m×1 本（保形ホース）
開閉弁高さ	床面上 1.5 m 以下
ポンプ揚水量	70ℓ／分×同一階消火栓個数（最大 2 個＝140ℓ／分）
呼水槽	100ℓ以上
非常電源	容量 30 分以上，自家発電または蓄電池

　保形ホースとは，使用しない時でもホースの断面が円形を保っているホース。

2. スプリンクラー設備

主要技術基準

項　目	主要技術基準
ヘッド間隔	劇場舞台部 1.7 m
	準耐火建築物 2.1 m
	耐火建築物 2.3 m
ヘッド標示温度	79 ℃未満（最高周囲温度　39 ℃未満）
放水圧力	0.1 MPa 以上（1 MPa 以下）
放水量	1.6 m³／個（80ℓ／分・個×20分）
水源	10F 以下の建物　　1.6 m³×10 個＝16 m³

	11F 以上の建物　　1.6 m³×15 個 ＝ 24 m³	
開放弁高さ	床面より 0.8〜1.5 m	
制御弁高さ	床面上より 0.8〜1.5 m	
ポンプ揚水量	ヘッド算定個数 10 の場合　　900 ℓ／分以上	
	ヘッド算定個数 15 の場合　　1,350 ℓ／分以上	
呼水槽	100 ℓ 以上	
非常電源	容量 30 分以上，自家発電または蓄電池	
送水口	65 A，設置高さ 0.5〜1 m	

3. 連結送水管

主要技術基準

項目		主要技術基準
放水口	配　置	3 階以上の階，水平距離で 50 m 以内ごと
	設　置	床面上の高さ 0.5〜1 m
	接続口	65 A
送水口	接続口	65 A，双口形
	設　置	床面上の高さ 0.5〜1 m
主　管		100 mm 以上

演習問題 6

　老人福祉施設や障害者施設等に設ける 2 号屋内消火栓にのみ用いられる消防用ホースとして，次のうち正しいものはどれか。

(1)　麻ホース
(2)　ゴム引きホース
(3)　濡れホース
(4)　保形ホース

解答 **解説** ∘∘

(4)　保形ホースは使用しない時でも円形のホースをいう（前頁，**❺**）。

演習問題 7

　屋内消火栓設備に関する記述のうち，適当でないものはどれか。

(1)　屋内消火栓設備には，非常電源を設ける。

(2)　屋内消火栓箱の上部には，設置の標示のために赤色の灯火を設ける。

(3)　広範囲型を除く 2 号消火栓は，防火対象物の階ごとに，その階の各部分からの水平距離が 25 m 以下となるように設置する。

(4)　屋内消火栓の開閉弁は，自動式のものでない場合，床面からの高さが 1.5 m 以下の位置に設置する。

解答 解説 ━━━━━━━━━━━━━━━━━━━━━━━━━━━━━━━━━━━━━━━

(3)　屋内消火栓は，防火対象物の階ごとに，その階の各部分から一のホース接続口までの水平距離が 15 m 以下となるように設けることと規定されている。

3 ガス設備

1. ガスの性質

ⓐ 都市ガス

1. 石炭ガス，オイルガス，ナフサガス，発生炉ガス，LN ガス，LP ガス等を単体又は混合して使用する。
2. 都市ガス A の発熱量　15,330 kJ／m³
3. 都市ガス B の発熱量　21,000 kJ／m³
4. 都市ガスの比重　0.5～0.7（空気より軽い）

ⓑ LP ガス（液化石油ガス，主にプロパンガス）

1. 常圧では気体であるが，加圧又は冷却で容易に液化する炭化水素類のガスである。
2. 液化すると容積は約 250 分の 1 になる。
3. プロパンの発熱量　100,800 kJ／m³
4. プロパンの比重　1.55（空気より重い）

ⓒ LN ガス（液化天然ガス）

1. メタンを主成分とする天然ガスを冷却液化したものである。
2. −162℃で液化する。
3. 発熱量　約 54,600 kJ／m³
4. 比重　約 0.7（空気より軽い）

演習問題 8

ボイラー用燃料に関する次の記述のうち，誤っているものはどれか。

(1) 都市ガス（天然ガス）13 A の発熱量は，プロパンガスの発熱量の約 2 倍である。
(2) プロパンガスは主に点火用で，主燃料としてはあまり使われていない。
(3) 天然ガスは空気よりも軽く，プロパンガスは空気よりも重い。
(4) 天然ガスは，冷却液化して産地から日本に輸送されている。

(1) 記述が逆でプロパンガスの発熱量が天然ガスの約2倍である。

2. ガスの供給圧力

ⓐ 配管供給圧（都市ガス，LNガス）

1. 高圧ガスは，工場で生産され送出される時のガス。
2. 中圧ガスは，ガバナ（圧力調整器）で0.1MPa〜1MPaに減圧して主に
   大口使用先（ビルの吸収冷凍機用など）に供給される。
3. 低圧ガスは圧力0.1MPa以下で一般家庭へは水頭圧1.96kPaで供給さ
   れる。

ⓑ ボンベ供給圧（プロパン）

1. ボンベ内の液化ガスを水頭圧2.74kPaに減圧して一般家庭等に供給する。
2. ボンベ容量は10kg，20kg，30kgなどがある。
3. 一括供給方式は70戸未満までとなっている。

3. 燃焼器具

ⓐ 開放型

1. 調理用レンジなど，燃焼ガスが室内に放出される型のものをいう。
2. 熱量4,200kJ当たり有効面積20㎠の換気用開口部が必要である。

ⓑ 半密閉型

1. 煙突等により燃焼ガスが室外に放出される型のものをいう。
2. ガス消費量が42,000kJ／時を超える風呂釜，湯沸器や25,200kJ／時を
   こえるストーブは半密閉型としなければならない。

ⓒ バランス型

1. 燃焼器具を外気と接する壁面に設け，屋外から燃焼用空気を取り入れ，
   燃焼ガスを直接屋外に排出する型のものをいう。

4. 共用給排気ダクト

ⓐ Uダクト

1. 高層住宅などで給気ダクトと排気ダクトを建物の下端でU字状に連結したものをいう。
2. 建物に対する風向きや風の強さにはあまり影響されない。
3. 排気ガスは排気ダクト内でつねに希釈されながら屋上の排気口から排出される。

ⓑ SEダクト

1. 建物の下部に給気用ダクトを水平に設け，これに垂直にダクトを連結してバランス型燃焼器具の給排気をこれで行うものをいう。
2. 風圧の影響を受けやすく，バランスがとりにくい。
3. 水平ダクトは垂直ダクトの2倍の断面積を要する。
4. 頂部は四方に開口させなければならない。
5. 水平ダクトは2箇所から給気する構造としなければならない。

演習問題 9

ガスに関する次の記述のうち，誤っているものはどれか。

(1) プロパンガスはLPガスに属し，空気よりも重く，発熱量は約100 MJ／m³ である。
(2) LNガスはメタンを主成分とする天然ガスで，約−90℃に冷却液化しタンクに入れて運搬する。
(3) 一般家庭で使用するガスの圧力は，水頭圧1.96 kPa で供給される。
(4) バランス型燃焼器具は給排気とも屋外に向けて行う構造になっている。

解答 解説

(2) LNガスは約−162℃に冷却液化して運搬する（P.153 のⓒ）。

演習問題 10

ガス設備に関する記述のうち，適当でないものはどれか。

(1) LPG用のガス漏れ警報器の取付け高さは，その下端が天井面等の下方0.3 m 以内となるようにする。

(2) LPG用の充てん容器には，10 kg容器，20 kg容器，50 kg容器などがある。

(3) 都市ガスの内管とは，需要家に引き込まれる導管のうち，敷地境界線からガス栓までの導管をいう。

(4) LNGは，メタンを主成分とした天然ガスを液化したものである。

解答 解説 ⟡⟡⟡

(1) LPG（空気より重いガス）用のガス漏れ警報器の取付け高さは，床面から30 cm以内の位置に設置する。また，ガス機器から水平距離4 m以内である。都市ガス（空気より軽いガス）は，ガス機器から水平距離で8 m以内，天井面から30 cm以内の位置に設置する。

4 保温

1. 保温材の種類

ⓐ グラスウール

1. ガラスを繊維化し不規則に重なり合った状態にしたもので，空隙が多く軽くて断熱性に優れている。
2. 板状，筒状などがある。
3. 使用温度は 300 ℃ までである。

ⓑ ロックウール

1. 石灰や珪酸を主成分とする鉱石を繊維化したもので板，筒，又は製品形状のものもある。
2. 使用温度は 400〜600 ℃ で，断熱性はグラスウールよりも優れている。

ⓒ フォームポリスチレン

1. ポリスチレンを発泡成型したものである。
2. 使用温度は 80 ℃ までで熱に弱いため，防露，保冷用に使用される。

ⓓ 硬質ウレタンフォーム

1. 発泡材を主材としたもので現場発泡が可能。
2. 使用温度は 100 ℃ まで。

2. 保温施工

ⓐ 注意事項

1. 保温材の重ね部の継目は同一線上を避ける。
2. 保温筒は管径に適合したものを使う。
3. 配管の保温は水圧試験後に施工する。
4. 配管の吊りバンドは保温筒外部より行う。なお，締め付け過ぎないよう

にする。

5. ロックウールやグラスウールは吸湿しやすく，水に濡れると著しく断熱効果が減ずる。

❺ 施工方法

1. テープ巻きは配管の下方より上方向に巻き上げる。
2. テープの重ね幅は 15 mm 以上。
3. 弁，フランジなど不規則な部分は，後で保守が可能なように配管とは別個に保温する。
4. 保温保冷を必要とする機器の扉，点検口などは，その開閉に支障なく保温保冷効果を減じないように施工する。

演習問題 10

保温材に関する記述のうち，適当でないものはどれか。

(1) ロックウール保温材の最高使用温度は，グラスウール保温材より高い。
(2) グラスウール保温板は，その密度により区分されている。
(3) ポリスチレンフォーム保温材は，蒸気管には使用できない。
(4) ポリエチレンフォーム保温筒は，吸湿性が高い。

解答 解説

(4) ポリエチレンフォーム保温筒（気泡筒）は，独立気泡構造のため，吸水・吸湿性がほとんどない。

演習問題 11

保温材の施工方法に関する次の記述のうち，適当でないものはどれか。

(1) 保温材は水を吸うと断熱性能が低下するので濡らさないようにする。
(2) 保温材の重ね部の継目は一直線上にそろえる。
(3) 配管の保温は，水圧試験後に施工する。
(4) テープ巻は配管の下方より上方向に巻き上げる。

解答 解説

(2) 保温材の重ね部の継目は同一直線上を避ける。

疲れたでしょう?
コーヒー飲んで
ひと休みしてね

5 機　材

1. ボイラー

ⓐ ボイラーの分類

1. 規模別による分類としては，ボイラー，小型ボイラー，簡易ボイラー（法令適用除外ボイラー）の3種類に分けられる。
2. 生成物による分類としては，蒸気ボイラー，温水ボイラー，の2種類に分けられる。
3. 形状による分類としては，水管ボイラー，炉筒煙管ボイラー，貫流ボイラー，鋳鉄ボイラー（セクショナルボイラー），立て型ボイラー，真空ボイラー，などに分けられる。

ⓑ ボイラーの構造

1. 水管ボイラーは気水ドラムと水ドラムの間を水管で結び，火力発電用などの比較的大規模のものが多い。
2. 炉筒煙管ボイラーは炉筒と煙管で構成され，ビルの暖房用など中規模容量に主に使用される。炉筒に伸縮に強い波形炉筒を用いているのが特徴である。
3. 貫流ボイラーは原理的には瞬間湯沸器と同じで，温水の代わりに蒸気を発生させる仕組みで，蒸気発生時間が早く，比較的安全なため，旅館，飲食店，クリーニング店など小規模のところで広く使用されている。
4. 鋳鉄ボイラーは組合せ式のため，搬入口の狭いビルの地下などに分解して搬入し現場で組み立てて完成させる。鋳鉄のため腐食に強いが蒸気圧力98 kPa以下でしか使用できないので小規模容量のものが多い。
5. 立て型ボイラーは円筒状のものを立てたボイラーであるが，効率が低く現在はほとんど使われていない。
6. 真空ボイラーは，ボイラーの内部が大気圧以下のため，蒸気の発生が早く，爆発の危険性がないため，法令上はボイラーではない。そのため資格者不要で検査もないため貫流ボイラーと同様に小規模のところで広く使用されている。

演習問題 12

ボイラーの種類と構造との関係について，次のうち誤りはどれか。

(1) 炉筒煙管ボイラー —————波形炉筒が使われている。

(2) 貫流ボイラー —————————水の循環がないボイラーである。

(3) セクショナルボイラー ———鋼板製である。

(4) 水管ボイラー —————————水管とドラムで構成されている。

解答 解説 ....

(3) セクショナルボイラーは鋳鉄製である（前頁，の 3.）。

❻ ボイラー用燃料と燃焼装置

1. 石炭，重油，ガス，などがあるが，大気汚染防止の観点から最近はガスの利用が拡大し，重油は減少傾向で石炭はほとんど使われなくなった。

2. 従って燃焼装置もバーナー形式のものが殆どである。

❹ 安全装置

1. 蒸気ボイラーには安全弁を設け，ボイラー内の蒸気の圧力がそのボイラーに許容される最高使用圧力に達すると，自動的に安全弁が開いて蒸気を放出させ，ボイラー内の蒸気の圧力が限度以上にならないようにしている。

2. ボイラーの事故で最も危険なのは「からがま」であるため，何らかのトラブルでボイラー内部の水位が規定以下に減少すると，減水警報が鳴り，更に減水するとボイラーの運転を緊急停止させる装置が設置されている。

3. 温水ボイラーでは，温水の温度が上昇すると水が膨張するため，水の膨張による無理な圧力がかからないようにするため膨張管を設け，この膨張管を立ち上げて上部の膨張タンクに連結させている。

4. 膨張管の途中には弁類は一切取付けてはならない。

❺ 計測装置

1. ボイラー内の水位を示す水面計が設けられている。

2. ボイラーの運転で最も大切なのは水面計の水位の監視である。水面計で水位を確実に把握しておれば，ボイラーの事故は 9 割以上防げるといわれている。

3. 水面計は 1 日に 1 回以上機能テストをするよう法規で定められている。

4. 蒸気ボイラーでは圧力計が設けられている。

5. 温水ボイラーでは，温水の温度と水圧の両方が分かる温度水高計が設けられている。

ⓕ 主な付属装置

1. ボイラーの給水にはタービンポンプが使われる。

2. 現在のボイラーは，ほとんどが全自動運転されており，そのための自動制御装置が組み込まれている。

ⓖ ボイラーの法規制

1. ボイラー技士免許を有する者でなければ，ボイラーを取扱ってはならない。

2. ボイラー技士免許は，特級，一級，二級，の3ランクがある。

3. 一定規模以上のボイラーは，伝熱面積に応じてそれに対応する級のボイラー技士免許を有する者を取扱作業主任者に選任しなければならない。

4. ボイラーは毎年性能検査を受けなければならない。

2. 冷凍機

ⓐ 冷凍機の種類

1. レシプロ冷凍機は，ピストンを往復動させて冷媒ガスを圧縮する方式の冷凍機で，中〜小容量のものが多い。製氷装置やパッケージ空調機などに組み込まれている。

2. ターボ冷凍機は，ターボファンを高速で回転させて冷媒ガスを圧縮する方式の冷凍機で，大〜中容量のものが多い。ほとんどビルの冷房用冷凍機として使われている。

3. ロータリー冷凍機は，家庭用冷蔵庫や家庭用エアコンなどに組み込まれている小型の冷凍機で，シリンダー内でローターを回転させて冷媒ガスを圧縮する方式のため運転音が静かなのが特徴である。

4. スクリュー冷凍機は，船のスクリューを連想させるような形をした，ピッチの大きいおねじとめねじのローターをかみ合わせ，互いに反対方向に回転させて冷媒ガスを圧縮する方式の冷凍機で，中容量のものが多い。広い用途に使われている。

5. 上記の4種類はいずれも動力をエネルギー源としているのに対し，動力の代わりに熱をエネルギー源とするものに吸収式冷凍機がある。

　　吸収式冷凍機の冷媒は水で，この水を蒸発させたり凝縮させたりして熱を運搬するが，この工程を助けるものとしてリチウムブロマイドという吸収液が用いられる。

　　熱はボイラーの蒸気を利用したり，吸収冷凍機の中に直接燃焼装置を内臓させたものもある。

　　吸収式を採用する理由のひとつとして，契約電力を低く押さえることで電気料金の節減を図ることがあげられる。

❺　冷凍機の能力表示

1. 0℃の1トンの水を24時間かけて0℃の1トンの氷にする能力を1日本冷凍トンといい，〔JRt〕の単位で表示する。
2. 1日本冷凍トンを熱量に換算すると3.87kWとなる。
3. ほかに米国冷凍トンというのがあり，冷凍機の能力表示は通常米国冷凍トンで示され，1米国冷凍トンは3.52kWに相当する。単位は〔USRt〕
4. レシプロは100トン以下，ターボは100～千トン，スクリューは500トン前後，ロータリーは1トン未満，吸収式は500～千トンの容量範囲である。

演習問題 13

　冷凍能力が387kWの冷凍機は，日本冷凍トンで表すと何冷凍トンの冷凍機となるか，次のうちから正しいものを選べ。

(1)　10日本冷凍トン
(2)　20日本冷凍トン
(3)　100日本冷凍トン
(4)　200日本冷凍トン

解答　解説

(3)　387÷3.87＝100日本冷凍トン（❺の2.参照）。

❻　冷凍サイクル

1. 冷凍装置内の冷媒ガスの状態変化を図示したものをモリエル線図という。
2. 冷凍機の能力等を計算で求める場合にはモリエル線図を使用する。

各種計算式を次に示す。

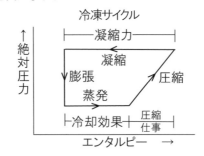

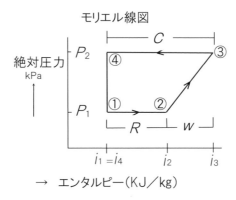

→ エンタルピー（KJ／kg）

① 冷凍効果　$R = i_2 - i_1$　　④ 成績係数　$E = \dfrac{冷凍効果}{圧縮仕事} = \dfrac{i_2 - i_1}{i_3 - i_2} = \dfrac{R}{W}$

② 圧縮仕事　$W = i_3 - i_2$

③ 凝縮力　$C = i_3 - i_4 = R + W$　　⑤ 圧縮比　$P = \dfrac{P_2}{P_1}$

演習問題 14

冷凍サイクルの順序として，次のうち正しいものはどれか。

(1)　凝縮　→　膨張　→　圧縮　→　蒸発

(2)　蒸発　→　圧縮　→　凝縮　→　膨張

(3)　圧縮　→　蒸発　→　膨張　→　凝縮

(4)　膨張　→　蒸発　→　凝縮　→　圧縮

解答 解説 ━━━━━━━━━━━━━━━━━━━━━━━━━━━━━━━━━━━━━━

(2)　冷凍サイクルは蒸発→圧縮→凝縮→膨張の順で変化する。

❹ ヒートポンプ

1. ヒートポンプは熱ポンプともいい，冷凍サイクルを利用して高温のエネルギーを取り出す装置である。
2. 冷凍機の冷凍サイクルとヒートポンプのサイクルは順序は同じである。（圧縮→液化→膨張→蒸発）
3. 冷凍機もヒートポンプも蒸発器で冷却する温度が高いほど成績係数はよい。
4. 冷凍機もヒートポンプも凝縮器で放熱する温度が低いほど成績係数はよい。
5. 冷凍機もヒートポンプも温度の低い空気や水から熱を取り温度の高い空気や水へ熱を放出する。
6. 冷凍機は蒸発器の冷却作用を利用し，ヒートポンプは凝縮器の放熱作用を利用する。
7. ヒートポンプの成績係数（E）とすると
$$E = C / W = (R+W) / W$$

❺ 冷媒

1. 吸収冷凍機の冷媒は水である。なお，リチウムブロマイドは吸収液で冷媒ではない。
2. リチウムブロマイドは毒性が少なく，大気中でも安定して揮発しない。
3. フロン冷媒は1個以上のフッ素原子Fを持つハロゲン化炭化水素で，化学的に安定していて水に溶けにくいが，油と混和しやすい。
4. フロン冷媒使用冷凍機に水分が混入すると，膨張弁などの氷結，閉塞などが起こるので，除湿のために膨張弁の前にドライヤを設ける。
5. 塩素を含むフロンガスはオゾン層を破壊するため，製造や使用の禁止等，規制の対象となっている。
6. フロン系冷媒は，特定フロンガスに指定され全廃となった CFC や HCFC に代わり，HFC（ハイドロフルオロカーボン）が主流である。HFC は代替フロンとしてオゾン層の破壊はしないが，地球温暖化係数値の高いものも多く，現在は地球温暖化係数の低値やエネルギー効率の点から，HFC-32 が広く用いられている。
7. アンモニア（NH_3）は，毒性や可燃性など人体に有害な点もあるが，地球温暖化係数が小さく，オゾン破壊係数も0の自然冷媒としての強みが再評価されている。熱効率もよく省エネルギー化も可能。

演習問題 15

冷凍機用冷媒の具備すべき条件として，次のうち誤っているものはどれか。

(1) 気化しやすく液化しやすいこと。

(2) 蒸発熱が大きいこと。

(3) 比較的高い圧力のもとで液化できること。

(4) 安全で毒性が少ないこと。

解答 **解説** ‥‥‥‥‥‥‥‥‥‥‥‥‥‥‥‥‥‥‥‥‥‥‥‥‥‥‥‥‥

(3) 比較的低い圧力のもとで液化できること。

ⓕ 冷却塔（クーリングタワー）

1. 外観が茶碗を伏せた形をしている冷却塔を向流型冷却塔（カウンターフロー）といい，冷却水の滴下方向に対し，送風方向が上方に向かう方式のものをいう。

2. 冷却能力が小～中程度のものに使用される。

3. 外観が四角い形をしている冷却塔を直交流型冷却塔（クロスフロー）といい，冷却水の滴下方向に対し，送風方向が横方向に向かう方式のものをいう。

4. 冷却能力が中～大程度のものに使用される。

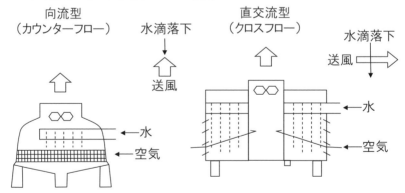

ⓖ 冷却塔の性能

1. 強制通風式冷却塔は，大気の湿球温度が低いほど，交換熱量は増加し，水温は下がる。

2. レンジとは，冷却塔における冷却水出入口の温度差つまり冷却塔で下げ

得た温度をいい，通常5℃程度である。

3. アプローチとは，冷却塔出口水温と外気湿球温度との差をいい，この温度差の小さい冷却塔ほど効率がよいことを示すが，4℃程度が限度である。

4. 理論的には，アプローチが0℃，つまり冷却水の温度を外気湿球温度まで下げ得ることになっている。

5. 冷却効果の主なものは冷却水の空気中への蒸発に伴う蒸発熱である。

6. 冷却塔内の充填物は，水滴が空気と接触する面積を大きくするためである。

7. 冷却能力は，空気の湿球温度，風量，充填材の性能，充填材における水と空気の分布等に左右される。

8. 開放式冷却塔は水の蒸発分や飛散分の補充と濃縮防止のための注水を要し，補給水は圧縮式で循環水量の2％程度，吸収式で4％程度必要である。

9. 冷却塔の設置場所は，空調用外気取入口から十分な距離が確保されていなければならない。

10. 圧縮冷凍機用冷却塔の冷却能力4.55kWを1冷却トンという。なお，吸収式用冷却塔能力はこの2倍を必要とする。

11. 冷却塔に入る空気の乾球温度が変わっても湿球温度が変わらなければ冷凍機の冷凍能力は変わらない。

12. 冷却塔の通過風量又は冷却水量が変われば冷却能力が変わり冷凍機の冷凍能力も変わる。

13. 次の図はレンジ及びアプローチの関係を示した，冷却塔の性能表示図である。

外気乾球温度　34℃　　　冷却塔出口水温（凝縮器入口水温）31℃
外気湿球温度　27℃　　　冷却塔入口水温（凝縮器出口水温）36℃
外気相対湿度　58％

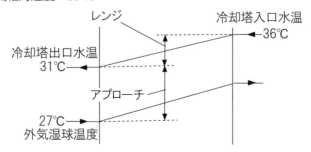

冷却塔に関する次の記述のうち，誤っているのはどれか。

(1) 冷却塔には向流形と直交流形とがあり，向流形は比較的小容量用のものに多い。

(2) 冷却効果の主なものは，冷却水の空気中への蒸発に伴う蒸発熱である。

(3) レンジとは，冷却塔における冷却水出入口温度差，つまり冷却塔で下げ得た温度をいい，通常 5〔℃〕前後である。

(4) アプローチとは，冷却塔出口水温と外気乾球温度との差をいい 4〔℃〕程度が限度である。

解答　解説--

(4) アプローチとは冷却塔出口水温と外気湿球温度との差をいう。

3. ポンプ

ⓐ 揚水ポンプの種類

1. 揚水用うず巻きポンプ（ディヒューザーポンプとも言う）は，ボリュートポンプとタービンポンプに大別される。

2. 回転羽根車が 1 枚のものをボリュートポンプと言う。

3. 回転羽根車が複数枚のものをタービンポンプと言う。

4. タービンポンプは吐出圧力が高いため，消防用，ボイラー給水用，高置水槽揚水用等に使用されるが，単位時間当たり揚水量は比較的少ない。

5. ボリュートポンプは単位時間当たり揚水量が大きいが，吐出圧力は比較的低いため，空調用循環ポンプ等に主に使用される。

6. タービンポンプには案内羽根があるが，ボリュートポップには案内羽根はない。

7. 案内羽根は流路を変えるためのカバーで，固定していて回転はしない。

ⓑ 排水ポンプの種類

1. 汚物ポンプは，汚物，固形物を多量に含む排液の移送に用いられ，羽根車の形状は汚物によって閉塞しないように特に考慮されており，羽根車の形状によりノンクロッグポンプ，ブレードレスポンプ，クロレスポンプなどがある。

2. 雑排水ポンプは，ある程度の固形物を含む汚水の移送用に用いられ，羽根車は固形物によって閉塞しないように2～3枚になっていて，通過部の断面は大きくしてある。

3. 排水ポンプには水中形，横形，立て形などの種類があり，水中ポンプを使用すると床上の設置スペースが不要となり，騒音や振動もなく据付も簡単である。

4. 湧水ポンプは二重基礎内の浸透水や機械類の冷却水など，原則的には全く固形物を含まない排水を排水排除する場合に使用するポンプで，一般に水中ポンプ又は横形の渦巻ポンプが多く使われている。

ⓒ 給湯用循環ポンプ

1. 給湯管内の湯を循環させる方式には，強制式と重力式とがあり，一般に循環ポンプによる強制式が用いられている。

2. 循環ポンプは特殊な場合を除いて通常返湯管の途中に設ける。

3. 循環ポンプの循環水量は，配管及び機器などからの熱損失と給湯管，返湯管の温度差により求める。

4. 循環ポンプの揚程は，給湯配管中の循環路の摩擦損失水頭が最大となる経路により求める。（通常3～5 m）

ⓓ ポンプ能力

1. ポンプ能力は，揚程，吐出圧力，揚水量，で表す。

2. ポンプを吸上げで使用する場合　　圧力計の読み ＝ 吐出し側損失水頭

3. ポンプの全揚程は　　全揚程 ＝ 実揚程＋損失水頭＋速度水頭

4. 揚水量の確認は特性曲線を用いた方法による。

5. 軸動力は，回転数の3乗に比例する。

6. 吐出圧力は，回転数の2乗に比例する。

7. 揚水量は，回転数の1乗に比例する。

ⓔ 吸上げ高さ

1. 吸上げ高さは，水温が上昇するにつれて減少する。

2. 標準大気圧のもとでは理論上0.1 MPaである。

3. 実際の設置では5～6 mぐらいに選ばれる。

4. 海抜高さによっても変動し，大気圧が高くなれば増加し，低くなれば減少する。

5. 液体の比重が大きいほど吸上げ高さは反比例して低下する。

6. 次図において実際吸上げ高さがプラスの場合は，ポンプ据付け位置を水面より下側にする。

ポンプ吸上げ高さ

水温℃	H〔m〕
20	−6.3 以下
30	−5.0 〃
40	−3.8 〃
50	−2.5 〃
60	−1.4 〃
70	+0.0 以上
80	+1.1 〃
90	+2.3 〃

演習問題 17

給水ポンプに関する次の記述のうち，誤っているものはどれか。

(1) ポンプの吸上げ高さは，水温が上昇するにつれて増大する。

(2) ポンプの揚水量は回転数の1乗に比例し，吐出圧力は回転数の2乗に比例し，軸動力は，回転数の3乗に比例する。

(3) 消火設備や給水設備に使用するポンプには，一般にタービンポンプが使用される。

(4) ポンプのグランドパッキン部よりの適量の漏水は，冷却と潤滑の役目をする。

解答 解説

(1) ポンプの吸上げ高さは水温が上昇するにつれて減少する（前頁，❺の1.）。

4. ファン

❿ 送風機の種類

1. 翼形送風機（ターボファン）は構造上高い風圧に耐え効率も良好で，一

170 第6章 建築設備一般

般に高速ダクト用に使用される。騒音は多翼送風機に比べるとやや高い。静圧は 1.225 kPa～2.45 kPa 程度である。

2. 多翼送風機（シロッコファン）は構造上高速回転に適さないが，比較的低圧で多量の空気を送るのに適しており，低速ダクト用に使用されるシロッコファンは，運転時における静圧が，0.098～1.225kPa の範囲で一般に使用される。空調用のほとんどに使用されている。

3. 軸流送風機（プロペラファン）は，低静圧で多量の送風に用いられ，冷却塔や換気扇に使用されるが，騒音が他の機種に比べて高い。

4. プレートファンは構造が単純で摩耗に強くボイラーの排煙用に使用されるが，騒音が高く動力も多くを要する。

5. リミットロードファンは，風量の変化に対し所要動力に上限がある特性を有する。

送風機の羽根の形状

シロッコファン　　　　ターボファン　　　　プロペラファン

❻ 送風機の特性

1. 送風機の特性曲線図には，横軸に風量，縦軸に全圧，静圧，軸動力，効率等が画かれる。

2. 下図は送風機の風量・圧力・抵抗の関係を示す特性曲線図（シロッコファンの例）である。

送風機の特性曲線図

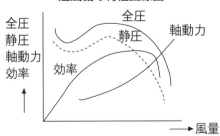

3. シロッコファンの出口ダンパを開けると出口圧力が下がり送風量が増し

動力も増す。(絞った場合は逆)

4. 入口ダンパーを開けると入口圧力が上がり,送風量が増し,動力も増す。(絞った場合は逆)

5. 回転数を上げると出口圧力が上がり,送風量が増し動力も増す。(下げた場合は逆)

送風機制御方法別特性曲線

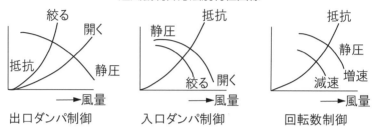

出口ダンパ制御　　　入口ダンパ制御　　　回転数制御

6. 送風機の風量減少理由としては,ファンベルトのゆるみ,エアフィルタの目詰まり,給気ダクトの漏れ,送風機の性能低下,羽根車の損傷,送風機ダンパの絞りすぎ,などが考えられる。なお,吸込み側ダクトの漏れは風量増加原因となる。

7. 送風機は風量・圧力特性と,ダクトの風量・圧力抵抗特性との一致点で運転状態が定められる。

8. 遠心送風機は,逆回転すると送風量が著しく低下する。

9. 同じ遠心送風機では送風量は回転数に比例し,静圧は回転数の2乗に比例し,軸動力は回転数の3乗に比例する。

送風量　　　$Q_1 / Q_2 = N_1 / N_2$

静圧　　　　$P_1 / P_2 = (N_1 / N_2)^2$

軸動力　　$K\omega_1 / K\omega_2 = (N_1 / N_2)^3$

演習問題 18

ビルの空調用送風機として最も多く使用されているものは,次のうちどれか。

(1) ターボファン

(2) シロッコファン

(3) プロペラファン

(4) リミットロードファン

(2) ビルの空調用送風機の約9割がシロッコファンである。

演習問題19

送風機の特性曲線の各名称の組合せで正しいものはどれか。

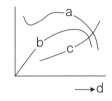

	a	b	c	d
(1)	効率	風圧	軸動力	風量
(2)	風量	軸動力	効率	風圧
(3)	風量	効率	軸動力	風圧
(4)	風圧	効率	軸動力	風量

(4) 前頁，上の図参照。

6 設計図書

1. 工事契約書

ⓐ 工事契約書主要記載事項

1. 総則

    発注者と受注者とは，おのおの対等な立場において互いに協力し，信義を守り誠実にこの契約を履行する。監理者は，この契約が円滑に遂行されるように協力する。

2. 一括下請負の禁止

    受注者は，あらかじめ発注者の書面による承諾を得なければ，工事の全部又は大部分を一括して第三者に請け負わせること，もしくは委任することはできない。

3. 現場代理人，監理技術者，監理技術者補佐，主任技術者，専門技術者

    ①　受注者は，現場代理人及び工事現場における施工の技術上の監理をつかさどる監理技術者，監理技術者補佐，または主任技術者並びに専門技術者を定め，書面をもってその氏名を発注者に通知する。

    ②　現場代理人は，工事現場いっさいの事項を処理し，その責を負う。ただし，工事現場の取締，安全衛生，災害防止又は就業時間など，工事現場の運営に関する重要な事項については監理者に通知する。

    ③　現場代理人，監理技術者等（監理技術者，監理技術者補佐又は主任技術者）及び専門技術者は，これを兼ねることができる。

4. 工事材料，工事用機器等

    ①　工事材料のうち品質が示されていないものがあるときは，中等の品質のものとする。

    ②　受注者は，工事現場に搬入した工事材料又は工事用機器を持ち出すときは，監理者の承認を受ける。

5. 図面・仕様書に適合しない施工

    ①　施工において，図面・仕様書に適合しない部分があるときは，監理者の指示によって受注者はその費用を負担してすみやかにこれを改造する。このために受注者は工期の延長を求めることはできない。

② 監理者は，図面・仕様書に適合しない疑いのある施工について，必要と認めたときは，発注者の書面による同意を得てその部分を破壊して検査をすることができる。

③ 前項による破壊試験の結果，図面・仕様書に適合していない場合は，破壊検査に要する費用は受注者の負担とし，図面・仕様書に適合している場合は，破壊検査及びその復旧に要する費用は発注者の負担とする。

6. 完成検査

① 受注者は工事を完成したときは，設計図書に適合していることを確認して監理者に検査をもとめ，監理者はすみやかにこれに応じて請負者の立会いのもとに検査を行う。

② 検査に合格しないときは，受注者は工期内又は監理者の指定する期間内に修繕又は改造して監理者の検査を受ける。

7. 契約不適合責

① 発注者は，引き渡された工事目的物が種類又は品質に関して契約の内容に適合しないもの（以下「契約不適合」という。）であるときは，受注者に対し，書面をもって，目的物の修補又は代替物の引渡しによる履行の追完を請求することができる。ただし，その履行の追完に過分の費用を要するときは，発注者は履行の追完を請求することができない。

② 前項の場合において，受注者は，発注者に不相当な負担を課するものでないときは，発注者が請求した方法と異なる方法による履行の追完をすることができる。

③ ①の場合において，発注者が相当の期間を定めて履行の追完の催告をし，その期間内に履行の追完がないときは，発注者は，その不適合の程度に応じて，書面をもって，代金の減額を請求することができる。ただし，次の各号のいずれかに該当する場合は，催告をすることなく，直ちに代金の減額を請求することができる。

一 履行の追完が不能であるとき。

二 受注者が履行の追完を拒絶する意思を明確に表示したとき。

三 工事目的物の性質又は当事者の意思表示により，特定の日時又は一定の期間内に履行しなければ契約をした目的を達することができない場合において，受注者が履行の追完をしないでその時期を経過したとき。

四 前三号に掲げる場合のほか，発注者がこの項の規定による催告をしても履行の追完を受ける見込みがないことが明らかであるとき。

8. 請負代金額の変更

請負代金額を変更するときは，工事の減少部分については内訳書の単価により，増加部分については時価によるものとし，発注者，受注者，監理者が協議してその金額を定める。

9. 中止権，解除権

① 次の一にあたるときは，発注者は工事を中止し，又はこの契約を解除することができる。この場合，発注者は受注者に損害の賠償を求めることができる。

イ．受注者が正当な理由なく着手期日を過ぎても工事に着手しないとき。

ロ．工事が工程表より著しく遅れ，工期内又は期限後相当期間内に，受注者が工事を完成する見込みがないと認められるとき。

ハ．受注者が建設業の許可を取り消されたとき，又はその許可の効力を失ったとき。

② 次の各号の一にあたるとき，受注者が相当の期間を定めて催告してもなお発注者に解決の誠意が認められないときは，受注者は工事を中止することができる。

イ．発注者が前払又は部分払を遅滞したとき。

ロ．発注者の責に帰するべき理由により工事が著しく遅延したとき。

ハ．発注者が請負代金の支払能力を欠くことが明らかになったとき。

10. 第三者損害

① 施工のため第三者に損害を及ぼしたときは，受注者がその損害を賠償する。ただし，その損害のうち発注者の責に帰すべき事由により生じたものについては，発注者の負担とする。

② 前項の規定にかかわらず，施工について受注者が善良な管理者としての注意を払っても避けることができない騒音，振動，地盤沈下，地下水の断絶などの事由により第三者に与えた損害を補償するときは，発注者がこれを負担する。

③ 前2項の場合，その他施工について第三者との間に紛争が生じたときは，受注者がその処理解決にあたる。ただし．受注者だけで解決し難いときは，発注者は受注者に協力する。

④ 契約の目的物にもとづく日照阻害，風害，電波障害その他発注者の責に帰すべき事由による損害を第三者に与えたときは．発注者がその処理解決にあたり，必要あるときは，受注者は発注者に協力する。この場合，第三者に与えた損害を補償するときは，発注者がそれを負担する。

⑤ 前各項の場合．必要があるときは，発注者は受注者の請求によって，

工期を延長する。延長日数は発注者・受注者・監理者が協議して定める。

2. 設計図書

ⓐ 用語の定義

1. 設計図書とは，設計図，仕様書，現場説明書，質問回答書，をいう。
2. 工事用地とは，敷地及び設計図書において発注者が提供するものと定められた施工上必要な土地をいう。
3. 施工図とは，現寸図，工作図などをいう。
4. 図面とは，設計図，詳細図，施工図をいう。
5. 専門技術者とは，建設業法に規定する技術者をいう。
6. 仕様書とは，図面で表現できない工事の技術上の事項を説明したもので，共通仕様書と特記仕様書に分けられる。

　イ．共通仕様書は，各工事に共通する標準的な基準を定めたものである。
　ロ．特記仕様書は，その工事のみに適用される基準を定めたものである。
7. 契約不適合とは，工事目的物に種類又は品質に関して契約の内容に適合しないものがあることをいう。
8. 監理者は，発注者の代理人の性格を有する。
9. 現場代理人は，通常現場の総監督をいう。
10. 監理技術者や監理技術者補佐，主任技術者は，建設業法上その現場に選任が必要な有資格者をいう。

演習問題 20

　次の書類のうち，「公共工事標準請負契約約款」上，設計図書に含まれないものはどれか。

(1) 工程表
(2) 図面
(3) 現場説明に対する質問回答書
(4) 仕様書

(1) 上記ⓐの 1. 参照

演習問題 21

　施工を進める上で必要な図書類とその作成者の組合わせのうち，適当でないものはどれか。

　　　（図書類）　　　　　（作成者）
(1)　施工図………………設計者
(2)　作業標準書…………施工者
(3)　特記仕様書…………設計者
(4)　施工計画書…………施工者

解答 **解説**

(1)　施工図は施工者が作成する。

演習問題 22

　設計図書に記載される機器とその仕様の組合わせのうち，関係のないものはどれか。

　　　　　（機器）　　　　　　　（仕様）
(1)　送風機……………………………初期抵抗
(2)　ボイラー…………………………定格出力
(3)　冷却塔……………………………騒音値
(4)　折り込み形フィルター…………面風速

解答 **解説**

(1)　送風機の仕様に形式や風量などがあるが初期抵抗は関係がない。

演習問題 23

　設計図書に記載される機器とその仕様の組合わせのうち，関係のないものはどれか。

　　　　　（機器）　　　　　　　　（仕様）
(1)　全熱交換器…………………………風量
(2)　ユニット形空気調和機……………冷却水量
(3)　ポンプ………………………………揚程
(4)　水冷式パッケージ形空気調和機……冷房能力

(2) 冷却水量は，水冷式パッケージ形空気調和機の仕様の1つである。

演習問題 24

遠心ポンプに関する記述のうち，適当でないものはどれか。

(1) 実用範囲における揚程は，吐出量の増加とともに低くなる。

(2) ポンプの吐出量の調整は，吸込み側に設けた弁で行う。

(3) 同一配管系において，ポンプを並列運転して得られる吐出量は，それぞれのポンプを単独運転した吐出量の和よりも小さくなる。

(4) 軸動力は，吐出量の増加とともに増加する。

解答 解説

(2) 吐出し量の調整を吸込み側の弁で調整すると，ポンプ内部で局部的に液体の気化する圧力まで圧力低下することがあり，その液体は気泡を発生させる。この現象をキャビテーションといい，効率が低下して所要の水量が得られないだけでなく，羽根車やその他の部分が侵食されポンプ寿命を著しく短くする。そのため，吐出し量の調整は，吐出し側の弁で行う。

演習問題 25

保温材に関する記述のうち，適当でないものはどれか。

(1) グラスウール保温材は，ポリスチレンフォーム保温材に比べて透湿性が小さい。

(2) ポリスチレンフォーム保温材は，主に保冷用として使用される。

(3) ロックウール保温板，グラスウール保温板の種類は，密度によって区分される。

(4) 繊維系保温材の種類には，保温板，保温帯，保温筒等がある。

解答 解説

(1) ポリスチレンフォーム保温材は，独立気泡構造をしているので，吸水・吸湿がほとんどなく，水分による断熱性能の低下が小さい。それに対してグラスウール保温材は不規則に重なり合った繊維から構成されており，水にぬれた場合水分が繊維の間に吸収されるため，熱伝導率は大きくなる。

演習問題 26

配管材料及び配管付属品に関する記述のうち，適当でないものはどれか。

(1) 硬質ポリ塩化ビニル管は，その種類により設計圧力の範囲が異なる。

(2) 仕切弁は，玉形弁に比べて流量を調整するのに適している。

(3) 水道用硬質塩化ビニルライニング鋼管D（SGP-VD）は，地中埋設配管に用いられる。

(4) 定水位調整弁は，受水タンクへの給水に使用される。

解答 解説 -------

(2) 仕切弁は，流体の通路を弁体にて垂直に遮断する弁であり，最も代表的な弁である。全開時には，開度が口径と同じになるため，流体の圧力損失が非常に小さい。玉形弁は，弁箱が玉形であることから玉形弁と呼ばれる。玉形弁は弁箱内における流体の方向が急激に変化するため，流体抵抗が大きい。弁体のリフト量が小さいので，閉鎖時間が速く，半開でも使用することができるため，流量の調整に適している。

演習問題 27

ダクトに関する記述のうち，適当でないものはどれか。

(1) コーナーボルト工法には，共板フランジ工法とスライドオンフランジ工法がある。

(2) ダクトの拡大は，15度以内とすることが望ましい。

(3) ダクトの拡大部・縮小部における空気のうず流は，縮小部の方が発生しやすい。

(4) 長方形ダクトの曲り部の圧力損失が大きい箇所に，案内羽根（ガイドベーン）付きエルボを設置した。

解答 解説 -------

(3) ダクトの拡大，縮小では，拡大の方がうず流やはく離が生じやすく，圧力損失が大きい。通常，拡大部は15度以内，縮小部は30度以内となるようにする。

演習問題 28

次のうち「公共工事標準請負契約約款」上，設計図書に含まれないものはどれか。

(1) 現場説明書
(2) 現場説明に対する質問回答書
(3) 設計図面
(4) 請負代金内訳書

 解答 **解説** --

(4) 請負代金内訳書は，設計図書には含まれない。

問題1　左側の空調設備にとくに関係の深いものを，右側の空調設備の中から
選び，その略号をカッコの中に記入しなさい。ただし，重複して選ばな
いこと。

（　　）(1)　シロッコファン　　　　（イ）冷却塔ファン
（　　）(2)　プレートファン　　　　（ロ）空調用冷温水循環ポンプ
（　　）(3)　プロペラファン　　　　（ハ）ビル空調用送風機の大半
（　　）(4)　タービンポンプ　　　　（ニ）ボイラーの排気ファン
（　　）(5)　ボリュートポンプ　　　（ホ）ボイラー給水ポンプ

問題2　配管材及び施工法等に関する次の記述のうち，正しいものには○を，
誤っているものには×を（　　）の中に記入しなさい。

（　　）(1)　鉛管は酸性に弱いので，直接コンクリートに埋設してはならな
い。
（　　）(2)　硬質塩化ビニル管は通気管に使用できるが，耐震性を考慮する。
（　　）(3)　スイベル継手とは，ちょうちん形の伸縮継手である。
（　　）(4)　地階の機械室で給水系統別に弁の調整ができるのは，下向式配
管方式である。
（　　）(5)　雨水排水立て管は単独に立ち下げなければならない。

問題3　消火設備に関する次の表のうち，技術基準で定められている数値を
〔　　〕の中に記入しなさい。

	項　　目	技術基準
(1)	1号消火栓の配置間隔	水平距離で〔　　〕m 以内ごと
(2)	1号消火栓の開閉弁高さ	床面上〔　　〕m 以下
(3)	2号消火栓の呼水槽容量	〔　　〕ℓ以上
(4)	スプリンクラーヘッド間隔	耐火建築物で〔　　〕m 以内
(5)	連結送水管の主管	〔　　〕mm 以上

問題4　ダクトに関する次の記述のうち，正しいものには○を，誤っているも

のには×を（　）の中に記入しなさい。
（　）(1)　ダクトのアスペクト比は，4以上とすること。
（　）(2)　図面上でFDと表示してあるのは風量調整ダンパを示す。
（　）(3)　ダクトのダイヤモンドブレーキは，ダクトの騒音防止のほか補強の目的も兼ねている。
（　）(4)　冷温風を通す空調ダクトは保温が必要であるが，換気専用ダクトは保温しなくてもよい。
（　）(5)　送風機の直近にダンパを設置する場合は，通常送風機の出口側に設ける。

問題5　ボイラーに関する次の記述のうち，正しいものには○を，誤っているものには×を（　）の中に記入しなさい。
（　）(1)　ボイラー技士免許には，特級，一級，二級，の3種類がある。
（　）(2)　全自動運転蒸気ボイラーの発停は，蒸気温度により行われる。
（　）(3)　貫流ボイラーは貯水量が少なく，比較的安全である。
（　）(4)　水面計の機能検査は，毎週1回以上行わなければならない。
（　）(5)　真空ボイラーは，法令上ボイラーではない。

問題6　モリエル線図上で冷凍効果が168〔kJ／kg〕，圧縮仕事が42〔kJ／kg〕である冷凍機の成績係数を求めなさい。

問題7　建設業法等の用語の定義として，次の記述のうち，正しいものには○を，誤っているものには×を（　）の中に記入しなさい。
（　）(1)　設計図書とは，設計図，仕様書をいい，現場説明書，質問回答書は含まれない。
（　）(2)　施工図とは，現寸図，工作図などをいう。
（　）(3)　図面とは，設計図，詳細図，施工図をいう。
（　）(4)　専門技術者とは，建築基準法に規定する技術者をいう。
（　）(5)　仕様書には，共通仕様書と特記仕様書とがある。

問題 1

(1) （ハ）（P.171，4. **ⓐ** の 2.）

(2) （ニ）（P.171，4. **ⓐ** の 4.）

(3) （イ）（P.171，4. **ⓐ** の 3.）

(4) （ホ）（P.168，3. **ⓐ** の 4.）

(5) （ロ）（P.168，3. **ⓐ** の 5.）

問題 2

(1) （×）鉛管はアルカリ性に弱い（P.141，**ⓒ** の 4.）。

(2) （○）

(3) （×）ちょうちん形はベローズー伸縮継手で，スイベル継手は特別の伸縮継手ではなく，配管の屈曲分を多くして伸縮力を吸収する方式である。

(4) （×）上向式配管方式である（P.141．**ⓐ** の 5.）。

(5) （○）（P.143，**ⓓ** の 4.）

問題 3

(1) 〔25〕m（P.149，1. の **ⓐ**）

(2) 〔1.5〕m（P.149．1. の **ⓐ**）

(3) 〔100〕ℓ（P.150．1. の **ⓑ** の表下部）

(4) 〔2.3〕m（P.150，2. の表上）

(5) 〔100〕mm（P.151，真中の表の下）

問題 4

(1) （×）アスペクト比は，4 以下とすること（P.146 の **ⓒ**）。

(2) （×）FD は防火ダンパを示す（P.147 の **ⓖ**）。

(3) （○）（P.146 の **ⓓ**）

(4) （○）

(5) （○）

問題 5

(1) （○）（P.162，**ⓖ** の 2.）

(2) （×）蒸気圧力により発停が行われる。

(3) （○）（P.160，**ⓑ** の 3.）

(4) （×）水面計の機能検査は，1 日 1 回以上行わなければならない（P.161，**ⓔ** の 3.）。

(5) （○）（P.160，**ⓑ** の 6.）

問題 6

P.164 の④より，成績係数は

$$\frac{冷凍効果}{圧縮仕事} = \frac{40}{10} = 4$$

問題 7

(1) （×）設計図書には，現場説明書や質問回答書も含まれる（P.177，**ⓐ** の1.）。

(2) （○）（P.177，**ⓐ**の3.）

(3) （○）（P.177，**ⓐ**の4.）

(4) （×）専門技術者とは，建設業法に規定する技術者をいう（附帯工事を する時の技術者をいう）（P.177，**ⓐ**の5.）。

(5) （○）（P.177，**ⓐ**の6.）

第一次検定

第7章 施工管理

1 施工計画

1. 契約図書の確認

　契約書と設計図書を合わせて契約図書というが，請負者側の現場を代表する現場代理人及び現場担当者は，かならずしも契約の過程でその内容を知る立場にないことが多い。

　したがって，施工に先立ちそれらの図書の内容を確認し，十分に把握する必要がある。

　調査，確認事項には次のようなものがある。

ⓐ 契約書

　契約書には請負代金額，工期，引渡しの時期，請負代金の支払（前払い，部分払い）及び契約内容を示す図書名（約款，設計図書等）などが記載されている。これらはいずれも重要であるのでよく確認しておく。

ⓑ 契約約款

　契約約款は，契約の内容を細かく記載した契約書の添付文書である。

　一般に使用するものとしては，官公庁，公団関係では「建設工事請負契約書（日本建設業団体連合会）」や「公共工事標準請負契約約款（中央建設業審議会）」があり，民間関係では「工事請負契約書・工事請負契約約款（日本建築学会，日本建築協会，日本建築家協会，全国建設業協会の四会連合協定）」が使用されることが多い。

　それぞれ多少の違いがあるので，その工事の契約に使用されるものの内容を確認しておく。

2. 設計図書

　設計図書は，建設する建物等がどのようなものであるかを詳細に表現した文書であり，いわゆる設計図と仕様書であるが，この設計図書の事前の検討は特に重要であり，内容の不一致や疑問点が発見された場合は，なるべく早

い時期に文書で設計者に問合せ，回答を得ておく必要がある。

　構造上の疑問については，構造計算書を取り寄せて調べるのがよい。

　また，重要な工事については数量を把握し，工程の決定や工事の手配など
に手違いのないようにする必要がある。

3. 諸官庁への各種申請手続き

諸官庁への各種申請手続きは，次のとおりである。

	書類名	提出時期	提出先	提出者
建築基準関係其他消防関係	建築確認申請	着工前	建築主事	建築主
	建築工事届	着工前	都道府県知事	建築主
	建築物除却届	着工前	都道府県知事	施工者
	道路占用許可申請	着工1か月前まで	道路管理者	道路占用者
	道路使用許可申請	着工前	警察署長	作業者か請負人
	高架水槽確認申請	着工前	建築主事	建築主
	し尿浄化槽設置届	着工前	都道府県知事	設置者
	工事完了届	完了日から4日以内	建築主事	建築主
危険物貯蔵所・取扱所 設置許可申請	着工前	都道府県知事又は市町村長	設置者
	完成検査前検査申請	施工中		
	設置完成検査申請	完成時		
	防火対象物使用届	使用前	消防長又は消防署長	建物所有者
	消防用設備等着工届出	着工10日前まで		甲種消防設備士
	消防用設備等設置届	完了日から4日以内		関係者
公害	特定施設設置届出	着工30日前まで	都道府県知事（又は指定都市の長）	設置者
	特定建設作業実施届出	着工7日前まで	市町村長	施工者
	煤煙発生施設設置届出	着工60日前まで	都道府県知事	設置者

演習問題 1

　甲請届出書類と提出先との組合わせで誤っているものはどれか。

(1)　建築確認申請書—————都道府県知事

(2)　道路使用許可申請書————警察署長

(3)　消防用設備等着工届————消防長又は消防署長

(4)　煤煙発生施設設置届————都道府県知事

解答　解説 •-•

(1)　建築確認申請書は建築主事に提出する（前頁の表の一番上）。

2 工程管理

1. 各種工程表の比較

ⓐ バーチャート

　たて方向にすべての作業を順番に書き，横方向に暦日を記入し，作業予定期間を白枠で示し，実施状況を黒く塗りつぶす工程表をいう。

　この方式は，作業時期や日数はつかめるが，作業相互の関連が不明なのが欠点である。

	8月	9月	10月	11月
仮 設 工 事				
土 工 事				
山 止 め 工 事				
地 業 工 事				
型 枠 工 事				

バーチャート

ⓑ ガントチャート

　立て方向はバーチャートと同じであるが，横方向は作業の出来高をパーセントで表す工程表をいう。これも作業相互の関連は不明である。

%	20	40	60	80	100
仮 設 工 事					
土 工 事					
山 止 め 工 事					
地 業 工 事					
型 枠 工 事					

ガントチャート

ⓒ ネットワーク

バーチャートやガントチャートの欠点である作業相互の関連を明確にした工程表で，作成には熟練を要する。

ⓓ 工程表の比較

次の表は，バーチャート，ガントチャート，ネットワークを比較したものである。

工程表	バーチャート	ガントチャート	ネットワーク
作成の難易	やや複雑	容易	複雑熟練要す
作業の手順	漫然	不明	判明
作業の日程・日数	判明	不明	判明
各作業の進行度合	漫然	判明	漫然
全体進行度	判明	不明	判明
工期上の問題点	漫然	不明	判明

演習問題2

通常の工事現場で工事管理の一般的注意事項のうち，適当でないものはどれか。

(1) 各種材料を現場搬入する際には，規格，外観寸法を検査する。

(2) 機器類の工場立会い検査を行う際には，機器能力が仕様通りであれば外観寸法は承認図と異なっていてもよい。

(3) 発注者より指定された検査事項は，早めに内容及び予定日を打合せる。

(4) 図面及び仕様書に明記のない事項は，発注者とよく協議する。

 解答 解説

(2) 外観寸法が承認図と異なると，施工時の納まりに支障を生ずる。

2. ネットワーク手法

ⓐ ネットワークの種類

　ネットワークには，作業を矢線で表示するアロー形と，作業を丸印で表示するザクル形（イベント形）があるが，ここでは広く使われているアロー形について説明する。

ⓑ 基本用語

1. アクティビティ（作業）

　ネットワーク表示に使われている矢線は，一般にアクティビティと呼ばれ，作業活動，見積り，材料入手など時間を必要とする諸活動を示す。

　アクティビティの基本要点は次のとおりである。

① 作業に必要な時間の大きさを矢線の下に書く。

　この時間は矢線の長さとは無関係である。

② 矢線は，作業が進行する方向に表す。

③ 作業の内容は，矢線の上に表示する。

2. イベント（結合点）

　丸印は作業の結合点を表し，これをイベントと称し作業の開始及び終了時点を示す。

　イベントの基本要点は次のとおりである。

① イベントには正整数の番号を付ける。これをイベント番号と呼び，作業を番号で呼ぶことができる。

② イベント番号は，同じ番号が2つ以上あってはならない。

③ 番号は，作業の進行する方向に向かって大きな数字になるように付ける。

④ 作業は，その矢線の尾が接する結合点に入ってくる矢線群（作業群）がすべて終了してからでないと着手できない。

3. ダミー

　作業の前後関係のみを表し，作業及び時間の要素を含まないものをダミーと称し，架空の作業の意味で，工程表上では点線の矢印で示す。

　次図の（a）のような作業において，作業Rは作業Aのほかに作業B，Cにも関係があり，作業A，B，Cが終わらないと着手できない場合は，次図の（b）のような表示になる。

このようにダミーは作業とは区別され，作業の相互関係を結び付けるのに用いる。

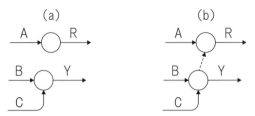

● 基本ルール

1. 先行作業と後続作業

結合点に入ってくる矢線（先行作業）がすべて完了した後でないと，結合点から出る矢線（後続作業）は開始できない。

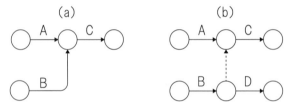

上図の（a）ではA及びBの両方の作業とも完了しないとCは開始できないという意味である。

上図の（b）ではDはBが完了すれば開始できるが（注：Dの開始にAは無関係である），CはA及びBが完了しないと開始できない。

2. 同一結合点からの矢線の数の制限

1つの結合点に入ってくる矢線の数は何本あってもよいが，1つの結合点から次の後続結合点に入る矢線の数は1本に制限される。

たとえば下図のように結合点2と4の間にBとDの2つの矢線を入れてしまうと，2→4と書いたのではどちらのルートを示しているのかわからなくなるからである。

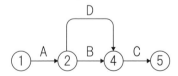

3. 開始点と終了点

1つのネットワークでは，開始の結合点と終了の結合点は，それぞれ1つでなければならない。

4. サイクルを入れない

　下図のようなネットワークでは，C，D，Eの作業がサイクル状に循環し作業は進行せず日程計算が不能になるので，このような工程表を作ってはならない。

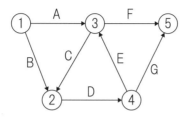

5. 作業時刻

　作業順序の組立てが終わり，ネットワークの図が完成すれば，次には時間の要素を組み込んで日程計画を立てる。

　開始結合点と終了結合点との間の所要作業日数は，通常，矢線の下側に記入する。

ⓓ　クリティカルパス

1. 開始点から終了点までのすべての経路の中で，最も時間が長い経路をクリティカルパスという。
2. クリティカルパスは，いいかえると，この経路によって工期が支配されている。
3. 工程短縮の手段は，この経路に着目しなければならない。
4. クリティカルパスは，必ずしも1本ではない。
5. ネットワークでは，クリティカルパスを通常太線で表す。
6. 例えば，次図のネットワーク工程表におけるクリティカルパスは，

　　　①→②→⑤→⑧→⑨→⑩である。

　また，この工事の工期は

　10＋10＋15＋20＋10 ＝ 65 日である。

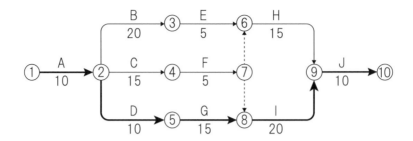

演習問題 3

工程表に関する記述のうち誤っているものはどれか。

(1) ネットワーク工程表は，丸と矢線の結び付きで表現し，それぞれの矢線の長さが作業の所要日数を示す。

(2) ガントチャート工程表は，各作業の完了時点を 100 ％として，横軸にその達成度をとる。

(3) バーチャート工程表は，横軸に日数，縦軸に作業をとる。

(4) 工事進度曲線は，横軸に工事日数，縦軸に出来高累計をとる。

解答 解説 ⋯⋯⋯⋯⋯⋯⋯⋯⋯⋯⋯⋯⋯⋯⋯⋯⋯⋯⋯⋯⋯⋯⋯⋯⋯⋯⋯⋯⋯⋯⋯⋯⋯⋯

(1) 作業の所要日数は数字で示し，矢線の長さは無関係である（P193，❺の1.）。

演習問題 4

図に示すネットワーク工程表の各作業に関する次の記述のうち，誤りはどれか。

(1) 作業 D，E 及び F は，平行して行うことができる。

(2) 作業 F は，作業 C が完了すれば開始できる。

(3) 作業 G は，作業 D，E 及び F が完了すれば開始できる。

(4) 作業 H は，作業 E 及び F が完了すれば開始できる。

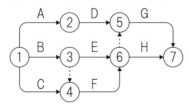

(2) 作業Fは作業Cと作業Bが完了しないと開始できない（P.194，の1.）。

3. 工事予定進度曲線

ⓐ Sカーブ

標準的な工事の進度は，工期の初期と終期では遅く，中間では早くなり，工事予定進度曲線は一般にSに似た形になるので，Sカーブと呼ばれる。

ⓑ バナナ曲線

工事予定進度曲線を上方許容限界曲線と下方許容限界曲線で表すと，この上下の曲線で囲まれた形がバナナの形に似ていることから，これをバナナ曲線と呼ぶ。

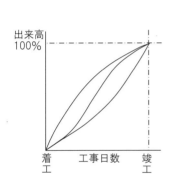

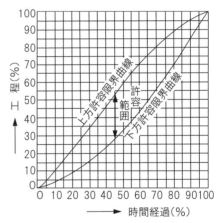

演習問題5

工事が工程表より著しく遅れた場合，工事管理者がまず最初にとらなければならない処置として適当なものはどれか。

(1) 工程表を新しく作り換える。

(2) 機械の搬入を早める。

(3) 工事の遅れている原因を究明する。

(4) 労務者を増員する。

解答 解説

(3) 1, 2, 4は原因を究明した後に取るべき手段である。

3　品質管理

1.　管理図 重要

ⓐ　管理図からわかること

① 　データの時間的変化
② 　異常なバラツキの早期発見

ⓑ　管理図の例

異常である（見のがせない原因がある）

上方管理限界線
中心線
下方管理限界線

安定状態　　　管理されていない状態

ⓒ　管理図の用語

1. 中心線とは，平均値を示すために引かれる直線。
2. 管理限界線とは，中心線をはさんでこれの上下に平行にひかれた一対の
   直線。
3. 上方管理限界線とは，中心線の上にある管理限界ライン。
4. 下方管理限界線とは，中心線の下にある管理限界ライン。
5. 管理線とは，中心線と管理限界線を総称したもの。
6. 見逃せない原因とは，製品の品質がばらつく原因の中で，突き止めて取
   り除くことが経済的であるもの。
7. 安定状態とは，管理図に記入された点が管理限界の内側に収まっている
   状態。
8. 予備データとは，管理線を決めるために集めた測定値。

ⓓ　安定状態の調べ方

1. 記入した点が全部管理限界内にあれば，そのデータを採った工程は安定

状態にあると考えてよい。

2. 管理限界の外に飛び出す点があれば，見逃せない原因があるから，この原因をしらべる。

3. 点が管理限界線上にある場合は，外に出たものとみなす。

2. ヒストグラム

❷ ヒストグラムの概要

ヒストグラムとは，長さ，重さ，時間など計量したデータがどんな分布をしているかを，縦軸に度数，横軸にその計量値をある幅ごとに区分し，その幅を底辺とした柱状図で示したものをいい，通常上限と下限の規格値の線を入れたものである。

❸ ヒストグラムの例

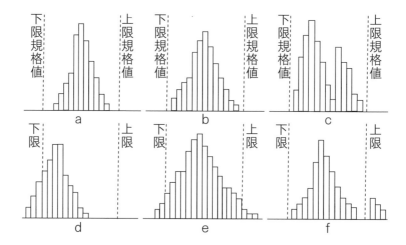

❹ ヒストグラムからわかること

① 規格や標準値から外れている度合い

② データの全体分布

③ だいたいの平均やばらつき

④ 工程の異常

ⓓ ヒストグラムの見方

1. 規格値を満足しているか。（a）
2. 分布の位置は適当か。（b）
3. 分布の山が 2 つ以上ないか。（c）
4. 分布の右か左かが絶壁形となっていないか。（d）
5. 分布の幅はどうか。（e）
6. 離れ島のように飛び離れたデータはないか。（f）

3. 特性要因図

　特性要因図とは，問題としている特性（結果）と，それに影響を与える要因（原因）との関係を一目でわかるように体系的に整理した図で，図の形が魚の骨に似ていることから「魚の骨」と呼ばれている。
　特性要因図は次のように利用される。
　① 不良の原因を整理する。
　② 会議でこの図を中心に話し合い，関係者の意見を引き出す。
　③ 原因を深く追及し，改善の手段を決める。
　④ 問題に対する全員の思想統一をする。
　⑤ 仕事や管理の要領を知らせる教育に用いる。

演習問題 6

　次に示す語句で，品質管理と直接関係のないものはどれか。

(1) 特性要因図
(2) ヒストグラム
(3) 管理図
(4) フローチャート

(4) フローチャートは，作業工程図のことである。

4. 品質管理活動

ⓐ デミングサイクル

　品質管理活動を，計画→実施→検査→処置，の4段階として捉え，この4段階を経て次の新しい計画に至る回転を繰返しつつ前進を続けることを図示したものをデミングサイクルという。

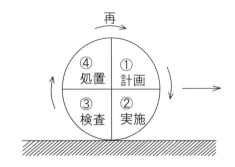

ⓑ 品質管理の手順

① 管理しようとする対象の品質特性値を決める。

② 品質標準を決める。

③ 作業の方法を決める。

④ 作業標準に従って施工し，データを取る。

⑤ 各データが十分余裕をもって品質規格を満足しているかを確める。

⑥ 作業過程で異常なデータや傾向が発見されたら，その原因を追及し，再発防止の処置を取る。

⑦ 一定の時間的経過ごとか，データ数がある数に達するごとに，⑤の手順を繰り返す。

演習問題7

品質管理を実施する手順で適当なものは，次のうちどれか。

　　　ただし，A．作業標準を決める

　　　　　　　B．品質特性を決める

　　　　　　　C．品質標準を決める

　　　　　　　D．作業状態の良否の確認判定をする

　　　　　　　E．データを取る

　　　　　　　F．異常原因の追及，再発防止措置

(1) B→C→A→E→D→F

(2) E→A→C→B→D→F

(3) C→E→A→B→F→D

(4) B→A→C→E→D→F

(1)　前頁，❻参照

ひと休み
ひと休み

4 安全管理

1. 災害発生率の指標

労働省では，災害発生の程度を次の指標によって表している。

ⓐ 度数率

百万延べ労働時間当たりの労働災害による死傷者数で表すもので，災害発生の頻度を示す。

$$度数率 = \frac{死傷者数}{延べ労働時間数} \times 1,000,000$$

ⓑ 強度率

千延べ労働時間当たりの労働損失日数で表すもので，災害の規模程度を示す。

$$強度率 = \frac{労働損失日数}{延べ労働時間数} \times 1,000$$

労働損失日数は，次のように定められている。

① 死亡及び永久全労働不能（身体障害1～3級）の場合は，休業日数に関係なく1件につき7,500日とする。

② 永久一部労働不能の場合は，休業日数に関係なく次表による。

身体障害等級（級）	4	5	6	7	8	9
労働損失日数（日）	5,500	4,000	3,000	2,200	1,500	1,000
身体障害等級（級）	10	11	12	13	14	
労働損失日数（日）	600	400	200	100	50	

③ 一時全労働不能による損失は次式による。

$$暦日による休業日数 \times \frac{300}{365}$$

ⓒ 年千人率

労働者千人当たりの1年間に発生した死傷者数で表すもので，発生頻度を示す。

$$年千人率 = \frac{年間死傷者数}{年間1日当たり平均労働者数} \times 1,000$$

2. 安全衛生管理活動

労働省で推奨している「建設業における安全衛生管理活動の系統別実施事項」の抜粋を次表に示す。

建設業における安全衛生管理活動の系統別実施事項（抜粋）

区 分		実 施 事 項
元請企業	工事現場	イ．統括安全衛生管理の実施 ロ．工事用機械設備の安全性の保持 ハ．下請けが現場に持ち込む機械設備（以下「持込機械等」という）の安全性の点検整備及び安全化への指導 ニ．安全な施工方法の採用とツールボックスミーティングの推奨その他による安全な作業の実施についての指導 ホ．現場作業者に対する安全衛生意識高揚のための諸施策の実施
	本・支店・営業所など	イ．現場安全衛生管理組織の整備の促進 ロ．下請協力会における災害防止活動の促進 ハ．施工計画の災害防止面からの検討及び改善 ニ．標準化による工事用設備，施工法，作業などの安全化の促進 ホ．安全衛生教育の企画と実施又は下請業者などの行う安全衛生教育に対る援助 ヘ．下請業者などの行う危険業務についての技能教育の指導と援助 ト．下請業者，現場管理者などに対する安全意識高揚のための諸施策の実施 チ．各種安全衛生情報の提供 リ．安全パトロールの実施 ヌ．災害統計の作成，災害調査の実施など
下請企業	工事現場	イ．元請の行う統括安全衛生管理に対する協力 ロ．使用する機械設備の点検整備及び元請が管理する設備についての改善申出 ハ．現場監督者による安全衛生活動の強化 ニ．安全心得，作業標準の遵守 ホ．ツールボックスミーティングの実施などによる安全な作業方法の周知徹底と安全な作業方法による作業の実施
	業	イ．標準化による持込機械，作業などの安全化の促進 ロ．安全衛生教育の企画と実施

	ハ. 危険業務についての技能教育及び労働者の適正配置
店・社	ニ. 安全衛生意識高揚のための諸施策の実施 ホ. 安全パトロールの実施 ヘ. 下請協力会の行う災害防止活動への積極的参加 ト. 災害統計の作成,災害調査の実施など
労働災害防止協会 建築業協会 職業別業者団体 など	イ. 設備,施工法及び作業についての自主的な規準の設定と調和周知 ロ. 安全衛生教育の実施と勧奨 ハ. 技能教育の実施と勧奨 ニ. 安全衛生意識高揚のための諸施策の実施 ホ. 各種情報の提供 ヘ. 安全診断,安全相談,安全点検などの実施 ト. 安全パトロールの実施

演習問題8

安全管理の成績評価方法に関する用語の説明として,次のうち適当でないものはどれか。

(1) 年千人率 $= \dfrac{年間死傷者数}{年間1日当たり平均労働者数} \times 1{,}000$

(2) 強度率 $= \dfrac{労働損失日数}{延べ労働時間数} \times 1{,}000{,}000$

(3) 度数率 $= \dfrac{死傷者数}{延べ労働時間数} \times 1{,}000{,}000$

(4) 死亡による労働損失日数 $= 7{,}500$ 日

解答 解説 ┈┈┈┈┈┈┈┈┈┈┈┈┈┈┈┈┈┈┈┈┈┈┈┈┈┈┈┈┈┈┈┈┈

(2) 強度率は──×1,000,000 ではなく──×1,000 である（P.204, ❻）。

演習問題9

年間1日当たり平均労働者数が1,000人の事業場において,年間死傷者数が10人である場合の年千人率として次のうち正しいものはどれか。

(1) 1,000

(2) 100

(3) 10

(4) 1

(3) P.205, の式より，$10 \div 1{,}000 \times 1{,}000 = 10$

演習問題 10

ネットワーク工程表に関する次の記述のうち，誤っているものはどれか。

(1) 日程短縮をするためには，クリティカルパスを検討する。

(2) クリティカルパスは，必ず 1 本だけである。

(3) ダミーは，関連する作業の相互関係を示すもので，日数は無関係で点線の矢線で示す。

(4) アクティビティは，左から右に向かって進み，矢線で示され，逆行は許されない。

(2) クリティカルパスは 1 本だけとは限らず 2 本以上の場合もある。

演習問題 11

工程表に関する次の記述のうち，誤っているものはどれか。

(1) バーチャートによる工程表は，小規模工事に適している。

(2) ネットワーク手法は，バーチャート手法よりも複雑であり，作成に時間がかかる。

(3) バーチャート工程表は，ネットワーク工程表よりも作業の相互関係，重要度，問題点の発見が容易である。

(4) ネットワーク工程表は，大規模工事や複雑な工事に適している。

(3) 記述が逆である。

演習問題 12

次の工程表の特性に関する記述のうち，適当でないものはどれか。

(1) バーチャートもガントチャートも，工期に影響する作業の遅れの発見が難しい。

(2) ガントチャートは，バーチャートより作業に必要な日数が判明しやすい。

(3) ガントチャートは，バーチャートより作業進行の度合が判明しやすい。

第7章 施工管理

(4) バーチャートは，ガントチャートより作業の手順が判明しやすい。

解答 解説 ～～～～～～～～～～～～～～～～～～～～～～～～～～～

(2) ガントチャートは進行度を％で示すが所要日数はわかりにくい。

 演習問題 13

　工程表を作成する際，注意すべき事項のうち適当でないものはどれか。
(1) 作業に要する時間は少なく見込む。
(2) 先行して行う作業をさがす。
(3) 平行して行える作業をさがす。
(4) 遅く着手してもよい作業をさがす。

解答 解説 ～～～～～～～～～～～～～～～～～～～～～～～～～～～

(1) 作業に要する時間は多少余裕を見込む。

演習問題 14

　工程表に関する次の記述のうち，適当でないものはどれか。
(1) 工程は，休日及び雨天見込み日数を考慮して作る。
(2) 材料の準備期間及び養生期間を考慮して作る。
(3) 基礎工事は，工程の変動が多いので余裕をみて作る。
(4) ネットワーク工程表は，一度作ってしまうと工期の途中で工程表を修正することはできない。

解答 解説 ～～～～～～～～～～～～～～～～～～～～～～～～～～～

(4) ネットワーク工程表は，工事の進捗状況に応じて修正できる。

演習問題 15

　下記のデミングサイクルで，①②③④における品質管理活動に当てはまる事項の組合せとして，次のうち適当なものはどれか。

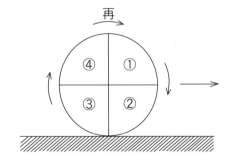

　　　①　　②　　③　　④
(1) 計画→実施→検査→処置
(2) 検査→計画→実施→処置

(3)　計画→処置→実施→検査

(4)　検査→実施→計画→処置

 解答 解説 ～～～

(1)　品質管理は計画，実施，検査（検討），処置の繰返しである。

問題1　諸官庁への各種申請手続きについて，下表の空欄に正しい語句を記入しなさい。

	書類名	提出時期	提出先
(1)	建築確認申請	着工前	
(2)	建築物除却届		都道府県知事
(3)	工事完了届	完了日から4日以内	
(4)	消防用設備等着工届		消防長又は消防署長
(5)	特定施設設置届	着工30日前まで	

問題2　工程管理に関する次の記述のうち，正しいものには○を，誤っているものには×を（　）の中に記入しなさい。

（　）(1)　バーチャートとガントチャートは，横線式工程表である。

（　）(2)　ガントチャートは，各作業の相互関係かつかみやすい。

（　）(3)　ガントチャートは，現時点の各作業の達成率が容易に把握できる。

（　）(4)　ネットワーク工程表の作成には熟練を要する。

（　）(5)　出来高進度曲線は，一般に直線状になる。

問題3　品質管理に関する次の記述のうち，〔　　〕内に挿入する語句を下の記入欄に記入しなさい。

　品質管理活動を〔 A 〕→〔 B 〕→〔 C 〕→〔 D 〕の4段階として捉え，この4段階を経て次の新しい計画に至る回転を繰返しつつ前進を続けることを図示したものを〔 E 〕という。

(1) A〔　　　　　〕　　(2) B〔　　　　　〕　　(3) C〔　　　　　〕

(4) D〔　　　　　〕　　(5) E〔　　　　　　　　　　　　〕

問題4　労働災害の程度を表す指標として，次の（　　）の中にあてはまる語句を，下の記入欄に記入しなさい。

$$(\quad A \quad) = \frac{死傷者数}{延べ労働時間数} \times 1,000,000$$

$$(\quad B \quad) = \frac{労働損失日数}{延べ労働時間数} \times 1,000$$

(1) A （　　　　　）　　(2) B （　　　　　）

問題5　**公共工事における施工計画に関する記述のうち，適当でないものはどれか。**

(1)　施工計画書は，作業員に工事の詳細を徹底させるために使用されるもので，監督員の承諾は必要ない。

(2)　工事に使用する機材は，設計図書に特別の定めがない場合は新品とするが，仮設材は新品でなくてもよい。

(3)　着工前業務には，工事組織の編成，実行予算書の作成，工程・労務計画の作成などがある。

(4)　施工図は，作成範囲，順序，作成予定日等を定めた施工図作成計画表に基づき，時機を失うことのないように完成させる。

問題6　**図に示すネットワーク工程表に関する記述のうち，適当でないものはどれか。**

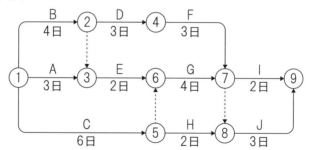

(1)　作業Gは，作業Eと作業Cが完了していなければ開始できない。

(2)　作業C，作業D及び作業Eは，並行して行うことができない。

(3)　作業Jは，作業Hが完了していても，作業G，作業Fが完了していなければ開始できない。

(4)　クリティカルパスの所要日数は，13日である。

問題7　**工程表に関する記述のうち，適当でないものはどれか。**

(1) ガントチャート工程表は，各作業の現時点における進行状態が達成度により把握でき，作成も容易である。

(2) ネットワーク工程表は，ガントチャート工程表に比べて，他工事との関係がわかりやすい。

(3) バーチャート工程表は，ネットワーク工程表より遅れに対する対策が立てやすい。

(4) バーチャート工程表は，通常，横軸に暦日がとられ，各作業の施工時期や所要日数がわかりやすい。

問題8 品質を確認するための試験・検査に関する記述のうち，適当でないものはどれか。

(1) 防火区画貫通箇所の穴埋めの確認は，抜取検査とした。

(2) ダクトの板厚や寸法などの確認は，抜取検査とした。

(3) 排水配管の通水試験実施にあたり，立会計画を立て監督員に試験の立会いを求めた。

(4) 完成検査時に，契約書や設計図書のほか，工事記録写真，試運転記録などを用意した。

問題9 建設工事現場の安全に関する記述のうち，適当でないものはどれか。

(1) 脚立は，脚と水平面との角度を80度とし，その角度を保つための金具を備えたものとした。

(2) 事業者は，作業主任者を選任したので，その者の氏名及び行わせる事項を作業場の見やすい箇所に掲示した。

(3) 移動はしごは，すべり止め装置の取付けその他転位を防止するために必要な措置を講じたものとした。

(4) つり上げ荷重5トンの移動式クレーンを使用した玉掛け業務に，玉掛け技能講習を修了した者を就けた。

問題 1（P.189 の表参照）

(1)　建築主事

(2)　着工前

(3)　建築主事

(4)　着工 10 日前

(5)　都道府県知事（又は指定都市の長）。

問題 2（P.191）

(1)　（○）

(2)　（×）ガントチャートは，各作業の相互関係がつかみにくい

(3)　（○）

(4)　（○）

(5)　（×）出来高進度曲線は，一般に S 状になる

問題 3（P.202 の 4 参照）

(1)　A〔　計画　〕

(2)　B〔　実施　〕

(3)　C〔　検査　〕

(4)　D〔　処置　〕

(5)　E〔　デミングサイクル　〕

問題 4（P.204 参照）

(1)　A〔　度数率　〕

(2)　B〔　強度率　〕

問題 5　(1)　施工計画書は，作業員に工事の詳細を徹底させるために使用するが，監督員に提出して承認を受ける必要がある。工種別の施工計画書は，各工種別に設計図書に基づいて使用材料，使用機器とその性能，施工準備，施工方法，特別な注意事項，養生などについて具体的に記載する。

問題 6　(2)　作業 C，作業 D 及び作業 E は，並行して行うことができる。

(4)のクリティカルパスは，①→②→④→⑦→⑧→⑨と

①→②→③→⑥→⑦→⑧→⑨と

①→⑤→⑥→⑦→⑧→⑨の 3 通りがあり，各作業の所要日数を足し算すると 13 日になる。

問題 7　(3)　ネットワーク工程表は，バーチャート工程表より遅れに対する対

策が立てやすい。

　設問は，記述が逆になっている。

問題8　⑴　防火区画貫通箇所の穴埋め確認は，人命にかかわる箇所のため，全数検査を実施する。

問題9　⑴　脚立は，脚と水平面との角度を75度以下とし，その角度を保つための金具を備えたものとする。

第8章 工事施工

1 据付・試運転・調整

ⓐ 空調機の据付・試運転・調整

1. ファンコイルユニットは，エア抜きを完全に行い，冷温水ポンプを運転し，変速スイッチによる送風機の作動及びドレンの排水状態を確認する。
2. 冷温水配管のコイルへの接続は，空気抜きを容易に行うために，水はコイル下方の入口より上方の出口に通るように配管する。
3. 冷温水コイル廻りの電動3方弁は混合型を使用し，返り管に取付ける。
4. 空調機のドレンパンは運転中に負圧となるため，排水管にはドレン管からの空気の侵入を防止するためにトラップを設け，トラップの封水深は送風機の静圧以上としなければならない。
5. 機器のチャンネル架台とコンクリート基礎の固定用アンカーボルトのナットは，テーパーワッシャーを挟んで締め付ける。

ⓑ ポンプの据付・試運転・調整

1. うず巻ポンプの流量調整は，ポンプ吐出側の弁で行う。
2. ポンプに配管の荷重が直接かからないように配管を支持する。
3. ポンプは心出しを終わって出荷されるが，輸送中に心狂いが生ずるので据付け後に軸心の再調整を行う。
4. 開放回路のポンプの据付け位置は，吸水面にできるだけ近く設置し，吸込配管の抵抗を少なくする。常温の水では，吸水面からポンプ中心までの許容最大高さは6m程度である。
5. 飲料用貯水槽は単体の構造とし，架台上に設置して，周囲及び底面には60cm以上，上部は100cm以上の保守点検用スペースを確保する。
6. フート弁を有する横形ポンプの吸い込み配管は，流体が流れやすいようにポンプに向かって上がり勾配とする。
7. 軸心を正確に調整し，カップリング外周の段違いや面間の誤差がないようにする。
8. 銅管の吊り金物は，異種金属との接触を防ぐためゴム付き吊りバンド等を用いる。
9. 玉形弁は，流体の流れ方向が指定されているので取付けに留意する。

機器の据付けに関する記述のうち，適当でないものはどれか。

(1) Vベルト駆動の送風機は，Vベルトの回転方向でベルトの下側引張りとなるように設置した。

(2) 排水用水中モーターポンプの据付け位置は，排水槽への排水流入口から離れた場所とした。

(3) 渦巻ポンプの吸込み管内が負圧になるおそれがあったため，連成計を取り付けた。

(4) 呼び番号3の送風機は，天井より吊りボルトにて吊下げ，振れ防止のためターンバックルをつけた斜材を4方向に設けた。

解答 解説 --

(4) 呼び番号3の送風機は，機器重量が重くなるので形鋼でかご型に溶接した架台上に据え付ける。2番未満の送風機であれば，設問のように吊りボルトで固定する。

ⓒ ファンの据付・試運転・調整

1. 多翼送風機は，吐出ダンパを全閉にし，回転方向を確認して運転調整を始める。

2. Vベルトは，日がたつにつれ，長さが変化するので，ときどきプーリー間の距離を調整する。

3. Vベルトの張力は，指で押してVベルトの厚さ位たわむ程度とする。

4. 送風機とモーター側のプーリーの心出しは，外側面に定規や水糸などを当てて出入りを調整して行う。

5. ゴム製Vベルトは油によって侵されることがある。

6. 防振を考慮する場合には，送風機とモーターは共通の架台の上に据え付ける。

7. Vベルトの張りの調整の際には，送風機の軸心とモーターの軸心との平行が狂いやすいので，充分注意して行う。

8. 大型の送風機を天井吊りする場合は，建築構造体に強固に固定した溶接形鋼製架台に設置する。

演習問題 2

ファンの据付・試運転・調整に関する次の記述で，不適当なものはどれか。

(1) 多翼送風機は，吐出ダンパを全閉にし，回転方向を確認して運転調整を始める。

(2) 送風機とモーター側のプーリーの心出しは，外側面に定規や水糸などを当てて出入りを調整して行う。

(3) ゴム製 V ベルトは油によって侵されることがある。

(4) V ベルトは，使用するにつれて伸びるので，最初はできるだけ強く張るようにする。

解答 **解説** ∙∙

(4) V ベルトの張りは，指で押したときに V ベルトの厚み程度たわむのがよい（**c** の 3. 参照）。

d 冷凍機の据付・試運転・調整

1. 冷凍機は，冷水ポンプ，冷却水ポンプ，冷却塔などのインターロックの作動を確認して始動する。

2. 吸収冷凍機は，工場出荷時の気密が保持されているかチェックし，抽気操作を行ってから試運転を始める。

3. 冷凍機は，一般に冷却水ポンプ→冷却塔→冷水ポンプ→冷凍機の順序で運転を開始する。

4. 吸収冷凍機は，形状や重量が遠心式冷凍機に比べて大きい事に留意しなければならない。

5. 冷凍機は，小型のものはパッケージ式になっているが，大型のものは一般に分割搬入される。

6. 吸収冷凍機の運転騒音や振動は，圧縮式冷凍機に比べて一般に小さい。

7. 凝縮器や冷却器には，チューブを引き抜くスペースが必要で，チューブの清掃の上でも必要である。

8. 冷却塔の給水口の高さは，高置水槽の低水位より 2 m 以上の落差をとることが望ましい。

e ボイラーの据付・試運転・調整

1. 蒸気ボイラーは，低水位燃料遮断装置用の水位検出器の水位を下げるこ

とにより，バーナーが停止し警報装置が作動することを確認する。

2. 鋳鉄製ボイラーの真空給水ポンプは，本体タンクに補給水を入れ，還水側弁及び補給水弁を閉じて到達真空度を確認する。

演習問題3

熱源機器の据付・試運転・調整に関する次の記述で，不適当なものはどれか。

(1) 冷凍機は，一般に冷却水ポンプ→冷却塔→冷水ポンプ→冷凍機の順序で運転を開始する。

(2) 吸収冷凍機の運転騒音や振動は圧縮式冷凍機に比べて一般に大きい。

(3) 凝縮器や冷却器には，チューブを引き抜くスペースが必要で，チューブの清掃の上でも必要である。

(4) 蒸気ボイラーは，低水位燃料遮断装置用の水位検出器の水位を下げることにより，バーナーが停止し警報装置が作動することを確認する。

解答 解説

(2) 吸収冷凍機の運転騒音や振動は圧縮式冷凍機に比べて小さい（**d**の6.)。

f 集塵機の据付・試運転・調整

電気集塵機は，運転に当たって電源表示灯，荷電表示灯，荷電部の安全装置などの作動を確認する。

g 機器の防振

1. 防振基礎には，地震時に防振基礎が移動しないようにストッパーを設ける。また，必要に応じて転倒防止金具を取付ける。

2. エアハンドリングユニットでは，機器と基礎の間に防振装置を設け，電動機と送風機は機器本体と一体とし，電動機及び送風機と機器本体との間には防振装置は設けない。

3. 圧縮形防振ゴムは，減衰特性がよいので配管の防振に適している。

4. 防振基礎の固有振動数は，定常運転時の機器の強制振動数よりできるだけ小さい値とする。

5. 防振材上の架台の重量を大きくすれば，定常運転時の機器の振幅は小さくなる。

6. 金属バネは，防振ゴムに比べ一般にばね定数が小さい。

第8章 工事施工

7. 送風機の振動を直接ダクトに伝えないためにたわみ継手が使用される。

8. ホンプの振動を直接建物構造体に伝えないために，金属コイルばねを用いた防振架台が使用される。

9. ポンプの振動を直接配管に伝えないために，防振継手が使用される。

10. 配管の振動を直接建物構造体に伝えないために，防振ゴムを用いた吊り金具が使用される。

演習問題 4

機器の防振に関する次の記述のうち，不適当なものはどれか。

(1) 防振基礎には，地震時に防振基礎が移動しないようにストッパーを設ける。また，必要に応じて転倒防止金具を取付ける。

(2) エアハンドリングユニットでは，機器と基礎の間に防振装置を設け，電動機と送風機は機器本体と一体とし，電動機及び送風機と機器本体との間には防振装置は設けない。

(3) 金属バネは，防振ゴムに比べ一般にばね定数が小さい。

(4) ポンプの振動を直接配管に伝えないために，伸縮継手が使用される。

解答 解説 ···

(4) ポンプの振動を直接配管に伝えないために，防振継手が使用される。伸縮継手は防振の効果はない（上記，9. 参照）。

❽ 検査・測定

1. 遠心送風機の風速測定口は，気流が整流された直線部に設ける。

2. ユニバーサル形吹出口の風量測定は，開口面の数点の風速を測定し全体の平均を求め，これに開口面積を乗じて求める。なお，グリル形吹出口の場合は，開口部の実質開口面積を用いなければならない。

3. 室内環境の測定に用いられるものに次のものがある。

   ① デジタル粉塵計は空気中の浮遊粉塵の測定に用い，室内の床上 75 cm 以上 120 cm 以下の高さで測定する。

   ② アスマン温湿度計は，温湿度の測定に用い，①と同じ高さで測定する。

   ③ カタ計は，室内の気流の測定に用いられる。

   ④ 騒音計は，聴感補正回路は，一般に A 特性を使用する。

4. JIS では，試験に関して次のように規定している。

① 指示騒音計を用いて騒音測定を行う場合，変動する音のレベルは，等価騒音レベル又は時間率騒音レベルで測定する。

② 排煙口の風量は，面風速の平均値より求めるので，受感部を排煙口面にできるだけ近付けて測定する。

③ 遠心ポンプの試験の場合，規定全揚程における吐出し量は，規定吐出し量か又はそれより大でなければならない。

④ 送風機の空気量は，試験によって算出した空気量を標準吸込み状態の体積に換算した値とする。

5. 測定項目とその計測機器との関係の一例は次の通りである。
① ダクト内静圧 ── Ｕ字管
② 室内気流 ──── カタ計
③ 配管内圧力 ── ブルドン管
④ ダクト内風速 ── ピトー管
⑤ 管路内の流量 ── ベンチュリー管

❶ **吹出口調整**

1. 壁付き吹出口は，誘引作用による天井面の汚れを防止するため，吹出口上端と天井面との間隔を 150 mm 以上とする。

2. アネモ型吹出口とダクトとの接続は，一般にボックスを用いて行う。

3. 吹出口で発生する騒音を減少させるには，吹出口風速を小さくすると効果的である。

4. 吹出し温度差が大きいとドラフトの原因となるので，吹出し空気が室内空気とよく混合する誘引比の大きい吹出口を選定しドラフトを防止する。

演習問題 5

検査測定に関する次の記述のうち，不適当なものはどれか。

(1) 遠心送風機の風速測定口は，吐出し口の直近に設ける。

(2) グリル形吹出口の風量測定は，開口面の数点の風速を測定し全体の平均を求め，これに実質開口面積を乗じて求める。

(3) 室内空気環境測定では，測定機器を室内の床上 75 cm 以上 120 cm 以下の高さで測定する。

(4) 騒音計には A，B，C の 3 つの補正回路つまみがあり，通常，つまみを A に合わせて測定する。

(1) 遠心送風機の風速測定口は気流が整流された直線部に設ける。

演習問題6

機器の据付けに関する記述のうち，適当でないものはどれか。

(1) 冷凍機の据付けにあっては，凝縮器のチューブ引出し用として，有効な空間を確保する。

(2) 遠心送風機の据付けにあっては，レベルを水準器で検査し，水平が出ていない場合は基礎と共通架台の間にライナーを入れて調整する。

(3) 壁掛け形ルームエアコンの取付けにあっては，内装材や下地材に応じて補強を施す。

(4) 地上設置のポンプの吸込み管は，ポンプに向かって下がり勾配とする。

(4) ポンプの吸込み管は，できるだけ短くし，空気だまりが生じないようにポンプに向かって1/50〜1/100の上がり勾配とする。ポンプ径と異なるときは，偏心径違い継手を使用して上辺を揃え，空気だまりとならないようにする。

演習問題7

機器の据付けに関する記述のうち，適当でないものはどれか。

(1) 揚水ポンプの吐出し側に，ポンプに近い順に，防振継手，仕切弁，逆止め弁を取り付けた。

(2) 飲料用受水タンクの上部に，空調配管，排水管等を設けないようにした。

(3) パッケージ形空気調和機の屋外機の騒音対策として，防音壁を設置した。

(4) 飲料用受水タンクを高さ60cmの梁形コンクリート基礎上に据え付けた。

(1) ポンプに近い側に，防振継手，逆止め弁，仕切弁とする。これは，防振継手，逆止め弁の点検時に管内の水を抜かなくてもよいようにするためである。

演習問題 8

配管とその試験方法の組合せのうち，適当でないものはどれか。

　　（配管）　　　　（試験方法）
(1)　給水配管————水圧試験
(2)　油配管　————水圧試験
(3)　冷媒配管————気密試験
(4)　ガス配管————気密試験

解答 **解説** ⋯⋯⋯⋯⋯⋯⋯⋯⋯⋯⋯⋯⋯⋯⋯⋯⋯⋯⋯⋯⋯⋯⋯⋯⋯⋯⋯⋯⋯⋯

(2)　油配管の圧力試験は，空気圧試験とする。最高使用圧力の 1.5 倍の圧力とし，保持時間は最小 30 分とする。

演習問題 9

測定対象と測定機器の組合せのうち，適当でないものはどれか。

　　（測定対象）　　　　　（測定機器）
(1)　風量————————熱線風速計
(2)　流量（石油類）————容積流量計
(3)　騒音————————検知管
(4)　圧力————————マノメーター

解答 **解説** ⋯⋯⋯⋯⋯⋯⋯⋯⋯⋯⋯⋯⋯⋯⋯⋯⋯⋯⋯⋯⋯⋯⋯⋯⋯⋯⋯⋯⋯⋯

(3)　騒音は，普通騒音計を用いて行う。検知管は，気体の濃度などを調べるために用いるものである。

演習問題 10

多翼送風機の試運転調整に関する記述のうち，適当でないものはどれか。

(1)　手元スイッチで瞬時運転し，回転方向が正しいことを確認する。
(2)　V ベルトの張り具合が，適当にたわんだ状態で運転していることを確認する。
(3)　軸受の注油状況や，手で回して，羽根と内部に異常がないことを確認する。
(4)　風量調整ダンパーが，全開となっていることを確認してから調整を開始する。

(4)　ダンパーを全開で起動すると起動時の電流値が瞬時に定格電流の5〜7倍流れて，トリップ（機械が誤作動又は停止）する可能性がある。ダンパーを全閉で起動させた後，電流値をチェックしながら，吐出し側のダンパーを徐々に開いて風量調整を行う。

2 配管・ダクト・保冷

1. 空調配管施工

ⓐ 冷温水配管

　冷却水配管は，原則として冷却塔に向かって200分の1程度の上り勾配とする。

ⓑ 蒸気配管

1. 横走り配管において管径を縮小する場合は，凝縮水の流れを円滑にするため，偏心異径継手を使用し，下側をまっすぐにする。
2. 蒸気主管からの分岐管を下向きに取り出す場合は，分岐管下部にトラップを設けて凝縮水を排出する。
3. 真空還水式は，重力還水式に比べて還水配管を細くできる。
4. 高圧還水管は，フラッシュタンクにて一度減圧させてから低圧還水管に接続する。
5. 予熱コイルと再熱コイルの還水管には，それぞれ単独にトラップを設ける。
6. 低圧蒸気の還水方式は，一般に真空還水式が用いられる。
7. 蒸気ボイラーの吹出し管は，ボイラーごとに単独に間接排水とする。
8. 低圧蒸気配管におけるベローズ形熱動トラップは，水平に取付ける。
9. リフト継手を真空ポンプの近くで使用する場合は，1段の吸上げ高さを1.5 m以下とする。
10. 蒸気横走り主管より立ち上げ分岐をする場合，立上り管はスイベル継手部分の管径より1サイズ小さくしなければならない。
11. 蒸気横走り管の途中に障害物がある場合はループ配管とし，下部にはドレントラップを設ける。
12. 凝縮水がたまるおそれのある配管に玉形弁を設ける場合は，弁棒が水平になるように取付ける。
13. 主管より枝管を分岐する場合，3～4個のエルボを用いる。
14. 真空還水式配管において，リフトフィッティングを用いる場合は，真

空ポンプから最も近い位置に設ける。

15. リフト継手を使用する場合の立上り管は，横走りの還水管より1サイズ管径を小さくする。

16. トラップは，凝縮水の滞留するおそれのある部分及び蒸気主管の末端や立上り箇所に設ける。

17. 逆勾配の蒸気管は順勾配の場合より勾配を大きくする。

ⓒ 給湯配管

伸縮継手を設ける配管には，その伸縮を考慮して有効な箇所に固定支持又はガイド支持を設ける。

演習問題 11

給水管及び排水管の施工に関する記述のうち，適当でないものはどれか。

(1) 横走り給水管から枝管を取り出す際に，配管の上部から取り出した。

(2) 便所の床下排水管は，勾配を考慮して，排水管を給水管より優先して施工した。

(3) 飲料用冷水器の排水は，雑排水系統の排水管に直接接続した。

(4) 横走り給水管の管径を縮小する際に，径違いソケットを使用した。

解答 解説

(3) 飲料用冷水器の排水は，排水管に直接接続せず，所要の排水口空間を設けて，ホッパー，漏斗などの水受け容器に排水する間接排水を施工する。雑排水系統の排水管に直接接続しない。

2. 給排水配管施工

ⓐ 給水配管

1. 塩化ビニルライニング鋼管のねじ切りには，自動切上げ装置付きねじ切り機を使用する。

2. 上記の接合は，手でねじ込んだのちパイプレンチで締め付け，余ねじ山数をチェックする。

3. 上記に用いるシール材は，防食シール材とし，ねじ部及び管端部に塗布する。

4. 上記鋼管の切断は，金鋸盤を使用し，発熱を伴う高速砥石切断機やガス切断は不適当で，また，パイプカッターのように管径を絞って変形を伴うものは使用してはならない。

5. 高置水槽からの給水配管の水圧試験圧力は，最低 0.75 MPa，保持時間は最小 60 分間とする。

6. 配管のプレハブユニット工法は，集約している配管の立てシャフトに適している。

7. 上記工法は，現場施工方式に比べて品質管理面で優れている。

8. 上記工法は，搬入計画を入念に検討する必要がある。

9. 上記工法は，工場から現場までの運搬コストは割高となる。

❺ 排水配管

1. 間接排水管の排水口空間は，その排水管の呼び径が 30 mm～50 mm の場合は 100 mm とする。

2. 間接排水管の配管が長い場合は機器に近接して排水トラップを設ける。

3. 屋内横走り排水管の勾配は，呼び径 75A 以下は 1／50，呼び径 75 A を超えるものは 1／100 を標準とする。

4. 排水横枝管を合流させる場合は，必ず 45 度以内の鋭角とし，水平に近い勾配で合流させる。

5. 排水管の煙試験は，すべてのトラップに水を入れ封水し，煙発生機を使用し配管内に濃煙を送り，通気管頂部から煙が出始めてから，これを密閉して漏煙を検査する。

6. 排水用鋳鉄管の横走り管の吊りは，直管及び異径管各 1 本につき 1 箇所とする。

7. 3 階以上にわたる汚水排水立て管には，原則として各階ごとに満水試験継手を取付ける。

8. 屋外排水桝の間隔は，直管部では管内径の 120 倍以内とする。

9. 掃除口の大きさは，配管の管径が 100 mm 以下の場合は配管と同径とし，管径が 100 mm を超える場合は最小 100 mm とする。

10. 超高層建物の排水立て管内の排水の流下速度は，空気抵抗により終局流速までしか至らないので，オフセットを設ける必要はない。

配管の施工に関する記述のうち，適当でないものはどれか。

(1) フレキシブルジョイントは，温水配管の収縮を吸収するために使用される。

(2) 給水配管において，電位差が大きい異種金属を接合する場合は，絶縁フランジなどによる措置が必要である。

(3) さや管ヘッダー配管方式のさや管と実管を同時に施工してはならない。

(4) ポンプ振動の配管への伝播を防止するためには，防振継手を設ける。

 解答 解説

(1) フレキシブルジョイントは，軸に対して直角方向のたわみ，ねじれあるいは機器の振動等を吸収するもので，温度変化によって生じる配管の歪み，伸縮を吸収するためには，伸縮管継手を用いる。

● 通気配管

1. 立ち上げたループ通気管は，その排水系統の最高位衛生器具のあふれ縁より 15 cm 以上上方で通気立て管に接続する。

2. ループ通気管の取出しは，最上流器具の器具排水管が，排水横枝管に接続した位置より下流側とする。

3. 排水管から通気管を取出す場合は，排水管断面の垂直中心線上部から 45 度以内の角度で取出す。

4. 通気立て管は，最下位の排水横枝管よりも低い位置で，排水立て管と接続する。

5. 通気立て管の上部は，最高位の衛生器具のあふれ縁より 150 mm 以上高い位置で伸頂通気管に接続する。

6. 通気管の末端は，戸や窓の開口部に近いとき，その頂部より少なくとも 60 cm 以上立ち上げて開放する。

7. 通気管の大気開口部は，外気取入れ口又は窓等の上部より 60 cm 以上立ち上げ，かつ，水平距離で 3 m 以上離して開口する。

配管の切断・接合に関する記述のうち，適当でないものはどれか。

(1) 硬質塩化ビニルライニング鋼管の切断に，チップソーカッターを使用した。

(2) 管の厚さが 4 mm のステンレス鋼管を突合せ溶接する際の開先を V 形開
先とした。

(3) 飲料用に使用する鋼管のねじ接合に，ペーストシール剤を使用した。

(4) 冷媒配管を差込接合する際に，配管内に不活性ガスを流しながら接合し
た。

解答 **解説**

(1) 硬質塩化ビニルライニング鋼管の切断に，チップソーカッターを用いると
発熱による塩化ビニルのはく離が起こるため，帯のこ盤や丸のこ切断機等が
適している。

ⓓ 配管スリーブ

1. 防水層を貫通する箇所には，つば付きスリーブを使用する。

2. 梁や耐震壁を貫通する箇所には，鋼管又は鋼板製スリーブを使用する。

3. 保温を施す配管に用いるスリーブの大きさは，配管径に保温材の厚さを
加味して決定する。

4. スリーブは，コンクリート打設時に移動しないように，上下左右を鉄筋
などで固定するか型枠に釘などで固定する。

5. 水密を要しない地中梁を貫通する鋼管用のスリーブとしては，塩化ビニ
ル管が使用される。

6. 防火区画の床を貫通するダクトの実管スリーブは，厚さ 1.5 mm 以上の
鉄板を使用しなければならない。

ⓔ 梁貫通穴

1. 梁の貫通穴の径は，梁せいの 3 分の 1 以下とする。

2. 梁の貫通穴の上下方向の位置は，梁せいの中心付近とする。

3. 並列する二つの梁の貫通穴の中心間隔は，穴の径の平均値の 3 倍以上取
る必要がある。

4. 貫通穴の径が梁せいの 10 分の 1 以下の場合は補強を必要としないが，
穴の径が 150 mm 以上となる場合には補強を必要とする。

ⓕ 配管の接続

1. 鋼管のアーク溶接では，帰線用のケーブルはホルダー側と同じ太さの
ケーブルを使用する。

2. 床が油で汚れている場合の二次側の配線は，天然ゴム以外の外装の溶接用ケーブルを使用する。
3. ホルダーは，充電部が露出しない絶縁形を使用する。
4. 電撃防止装置を取付けた場合でも，必ず帰線側の溶接端子には接地を施さなければならない。
5. 吸湿の疑いのある溶接棒は使用しない。

❻ 配管検査

1. 配管溶接の非破壊検査方法とその対象との関係は次の通りである。
   放射線透過検査 ———— ブローホール等の内部欠陥検査
   電磁気粉深傷検査 ——— 割れなどの表面欠陥検査
   浸透深傷検査 ————— 割れなどの表面欠陥検査
   外観検査 —————— 変形，損傷の発見
2. 配管の水圧試験を階別に行う場合は，試験を行う管の最上部で試験値の確認を行う。
3. 配管の水圧試験で水漏れにより重大な損害を生じさせてはならない場合は，気圧試験を行ってから水圧試験を行うようにする。
4. 水圧試験を行う場合は，ベローズ形伸縮継手のセットボルトは固定しておく。
5. 配管途中に設けられている仕切弁は開放状態とし，水圧試験閉塞用として用いてはならない。

❼ 配管識別

JIS で定める配管識別の一例を次に示す。
   蒸気管 —— 暗い赤
   給水管 —— 青
   消火管 —— 赤
   ガス管 —— 黄

3. ダクト施工

❶ ダクト施工

1. 長方形ダクトのアスペクト比は，極力１対４以下とする。

2. 長方形ダクトのわん曲部の内側半径は，原則として半径方向の幅以上とする。

3. 長方形ダクトの分岐法には，割込み分岐（ベント形）と直角分岐（直か付け）とがあり，分岐の形状が適正でないと空気流に渦を生じ，圧力損失や騒音の増加となる。

4. 分岐風量が主ダクトの風量に比べて非常に少ない場合は，直角分岐としてよい。

5. 長方形ダクトに直角エルボを用いる場合は，数枚のガイドベーンを設ける。

6. 送風機の吐出口直後のダクトの曲がりは，吐出口から曲部までの距離を羽根径の 1.5 倍以上とし，急激な曲がりは避ける。

7. スパイラルダクトは，亜鉛鉄板をらせん状に甲はぜ掛け機械巻きしたものである。

8. スパイラルダクトの差込み継手には，継手外面に接着剤を塗布し，ダクトを差込みビス止めした後テープ巻仕上げを施す。

9. ダクトの板厚は，一般に長辺の長さをもとに決める。

10. 一般に高速ダクトは内圧が高いため，補強を兼ねるはぜ部のあるスパイラルダクトが適している。

11. 多翼送風機の吐出側につける風量調節ダンパは，ダンパ翼の回転軸が送風機の羽根車の軸と垂直になるように取付ける。

ダクトの施工に関する記述のうち，適当でないものどれか。

(1) 長方形ダクトの長辺と短辺の比は，4 以下とした。

(2) 共板フランジ工法ダクトのフランジは，ダクトの端部を折り曲げて成形したものである。

(3) 長方形ダクトの板厚は，ダクトの長辺の長さにより決定した。

(4) 送風機の吐出口直後におけるダクトの曲げ方向は，送風機の回転方向と逆の方向とした。

解答 解説 ～～～～～～～～～～～～～～～～～～～～～～～～～～～～～～～～～～～～～～

(4) 送風機の吐出口直後におけるダクトの曲げ方向は，できるだけ送風機の回転方向に逆らわない方向とする。やむを得ず回転方向と逆の方向にする場合は，ダクトの曲り部分にガイドベーンを設け，ダクトの局部抵抗及び騒音の

発生を減少させる。

ⓑ ダクト接続・補強

1. 共板工法ダクトの接続においては，フランジ部の四隅をボルトナットで締結し，フランジ辺部はフランジ押さえ金具で固定する。
2. 450 mm を超える保温を施さない長方形ダクトには，ダイヤモンドブレーキ又は300 mm 以下の間隔で補強リブを施す。
3. ダイヤモンドブレーキや補強リブは，通常，保温を施さない長方形ダクトに施す。
4. アングル工法ダクトの補強には，リブ，ダイヤモンドブレーキ，形鋼などによる方法がある。
5. アングル工法ダクトの継目は，隅部はピッツバーグはぜ・ボタンパンチスナップはぜ又は角甲はぜを使用し，平板部の接続が必要な場合は内部甲はぜを使用する。
6. アングル工法のフランジ接合は，フランジと同じ幅のガスケットを使用する。
7. 共板工法はアングル工法に比べて強度が小さい。
8. ダクトの接続工法は，次のように分類される。

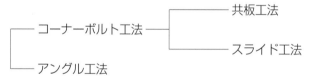

9. はぜの種類と使用部分との関係は次の通りである。
   ピッツバーグはぜ ——————— ダクト角部
   ボタンパンチスナップはぜ ——— ダクト角部
   甲はぜ ————————————— ダクト平面
   角甲はぜ ————————————— ダクト角部
10. ピッツバーグはぜは，一般にボタンパンチスナップはぜよりも空気漏れが少ない。

ⓒ 排煙ダクト

1. ダクトの接続はフランジ接続とする。
2. 鋼板製ダクトの板の継目は溶接とする。
3. 排煙ダクトには亜鉛鉄板製ダクトを使用する。

4. 立て主ダクトには防火ダンパは設けない。

5. 排煙設備の検査にあたっては，次の点に注意する。

① 排煙機から最も遠い排煙口1個を開放したとき，排煙機がサージング等によって性能低下がないこと。

② 排煙口の開放に伴い，排煙機が自動的に作動すること。

③ 排煙機に最も近い排煙口2個を開放したとき，排煙機が過負荷現象にならないこと。

④ 排煙口の風量測定は，排煙口の数点の平均風速を測定して算出する。

6. 排煙効果検査のための居室の試験用発煙量は，居室から廊下へ出るまでの避難所要時間をもとに算出する。

7. 排煙風道の漏煙の有無は，各排煙口，排煙出口を密閉し，試験用送風機によって煙を圧入し，目視によって確認する。

8. 排煙口の風量は，測定した風速の平均値より算出し，それを20℃の温度に換算したものとする。

演習問題 15

ダクト及びダクト付属品の施工に関する記述のうち，適当でないものはどれか。

(1) 変風量（VAV）ユニットの入口側に，整流のためのダクト直管部を設けた。

(2) 風量測定口は，風量調整ダンパー下流の気流が整流されたところに設けた。

(3) ユニバーサル形吹出口は，天井の汚れを防ぐため，天井と吹出口上端との間隔を150mm以上離して取り付けた。

(4) 防火区画と防火ダンパーとの間の被覆をしないダクトは，1.2mmの鋼板製とした。

解答 解説

(4) 防火区画と防火ダンパーとの間の被覆をしないダクトには，1.5mm以上の厚さの鋼板製としなければならない。

ⓓ ダクトの消音

1. 消音ボックスは，内張りによる吸音効果とボックス入口及び出口での断面変化による音の反射を利用したものである。

2. マフラー形消音器は，内管壁面の細孔とその外側の空洞との共鳴作用による消音効果を利用したものである。

4. 配管腐食・防食

ⓐ 配管腐食

1. 蒸気配管系において，返り管は往き管に比べ腐食しやすい。
2. 電縫鋼管は，溶接部が溝状腐食を起こしやすく，この溝状腐食は電縫鋼管に特有の現象である。
3. 配管の腐食とその要因との関係は次の通りである。

　　　孔食 ——————— 不動態皮膜の局部的破壊
　　　電食 ——————— 外部電源からの迷走電流
　　　応力腐食 ———— 製作加工時点での残留応力

4. 密閉配管系では，ほとんど酸素が供給されないので，配管の腐食速度は遅い。
5. ドレン中に溶解する酸素と炭酸ガスにより蒸気返り管が腐食されやすいため，ボイラーの水処理が重要である。

ⓑ 配管防食

1. ガス配管を土中埋設する場合は，合成樹脂等で外面が被覆された耐食性のある管材を用いる。
2. 銅管と鋼管を接続すると鋼管側が腐食しやすいので絶縁継手を用いる。
3. ステンレス貯湯タンクの保温施工前にエポキシ系樹脂塗装を行えば，応力腐食割れの防止となる。
4. ステンレス鋼管の支持に鋼製の金物を使用する場合は，ゴムシートや合成樹脂製絶縁テープなどを介して取付ける。
5. 土中埋設配管には，現場で防食処理を施す材料よりも耐食性のある材料を用いるようにする。
6. 水道用硬質塩化ビニルライニング鋼管のねじ接合には，管端防食継手を使用する。

演習問題 16

異種管の接合に，絶縁継手を必要とする配管の組合せとして，最も適当なものはどれか。

(1) 鋼管と鋳鉄管
(2) 鋼管とビニル管
(3) ステンレス鋼管と鋼管
(4) ステンレス鋼管と銅管

解答 解説 ┄┄┄┄┄┄┄┄┄┄┄┄┄┄┄┄┄┄┄┄┄┄┄┄┄┄┄┄┄┄┄┄┄

(3) ステンレス鋼管と鋼管では，イオン化傾向が大きく異なるため，鋼管の方が腐食するので，絶縁継手が必要である。

5. 保温・保冷・塗装

ⓐ 保温・保冷

1. 各種保温材の使用最高温度は次の通りである。
     グラスウール保温筒 ── 350 ℃
     ロックウール保温筒 ── 600 ℃
2. 冷温水管支持部には，合成樹脂製支持受けを使用する。
3. 冷温水配管には，保温材の上にポリエチレンフィルムを重ね巻きする。
4. 大型バルブの保温には，取りはずし可能なように加工した分割保温カバーを取付ける。
5. 保温筒を複層で使用した場合は，重ね部の継目は同一箇所に重ならないよう施工する。
6. 冷温水管を鋼製の吊り金物で直接支持する場合は，保温外面から 150 mm 程度の長さまで吊り棒に保温を施す。
7. グラスウール保温材は，水分を含むと熱伝導率が大きくなる。
8. 断熱材の厚さを2倍にしても，熱損失は 1／2 にはならない。
9. 配管の保温保冷施工は，水圧試験で漏れのない事を確認した後に行う。
10. 一般に冷凍機の冷却水配管は保温を行わない。
11. ロックウール保温材を湿度の高い場所に使用するときは，保温外周からの透湿を防ぐため，ポリエチレンフィルムなどの防湿層を施す。

演習問題 17

保温・保冷に関する記述のうち，適当でないものはどれか。

(1) ポリスチレンフォーム保温材は，水にぬれた場合，グラスウール保温材に比べて熱伝導率の変化が大きい。

(2) 保温筒相互の間ぎきは，出来る限り少なくし，重ね部の継目は同一線上にならないようにずらして取り付ける。

(3) ポリエチレンフィルム巻きの場合は 1/2 重ね巻きとする。

(4) グラスウール保温材の 24k，32k，40k という表示は，保温材の密度を表すもので，数値が大きいほど熱伝導率が小さい。

解答 解説 -

(1) ポリスチレンフォーム保温材は，独立気泡構造をしているので，吸水・吸湿がほとんどなく，水分による断熱性能の低下が小さい。それに対してグラスウール保温材は不規則に重なりあった繊維から構成されており，水にぬれた場合水分が繊維の間に吸収される為熱伝導率は大きくなる。

ｂ　塗装

1. 一般に水槽類の防錆処理は，衛生設備用では樹脂によるライニング，空調設備用では金属の溶射が用いられる。

2. 吹付塗装は作業能率がよく，広い部分でも均一な塗装ができる。

3. 塗料は，製造所において調合されたものを現場で開封して，そのまま使用することが望ましい。

4. 塗装場所の気温が 5 ℃以下，又は湿度が 80 ％以上のときは，原則として作業を行わない。

5. 亜鉛めっき面は塗料がのりにくいので，下地処理としてエッチングプライマー塗りなどの化学処理を施す。

演習問題 18

保温・塗装工事に関する記述のうち，適当でないものはどれか。

(1) 屋外の外装金属板の継目は，シーリング材によりシールを施す。

(2) 機器廻り配管の保温・保冷工事は，水圧試験後に行う。

(3) ロックウール保温材は，グラスウール保温材に比べ，使用できる最高温度が低い。

(4) アルミニウム面やステンレス面は，一般に，塗装を行わない。

解答 解説 ⋯⋯⋯⋯⋯⋯⋯⋯⋯⋯⋯⋯⋯⋯⋯⋯⋯⋯⋯⋯⋯⋯⋯⋯⋯⋯⋯⋯⋯⋯⋯⋯

(3) ロックウール保温材は，グラスウール保温材より耐熱性が優れていて，熱間収縮温度は，ロックウール保温材が400℃～650℃，グラスウール保温材は，250℃～400℃である。

演習問題 19

　機器の据付けに関する記述のうち，適当でないものはどれか。

(1) 屋上に設置する冷却塔は，その補給水口が，高置タンクから必要な水頭圧を確保できる高さに据え付ける。

(2) 直だきの吸収冷温水機は，振動が大きいため，防振基礎の上に据え付ける。

(3) 呼び番号3の天井吊り送風機を，形鋼製のかご型架台上に据え付け，架台はアンカーボルトで上部スラブに固定した。

(4) 送風機のVベルトの張りは，電動機のスライドベース上の配置で調整した。

解答 解説 ⋯⋯⋯⋯⋯⋯⋯⋯⋯⋯⋯⋯⋯⋯⋯⋯⋯⋯⋯⋯⋯⋯⋯⋯⋯⋯⋯⋯⋯⋯⋯⋯

(2) 直だき吸収冷温水機は，燃焼空気用ブロアや小容量の冷媒ポンプ等以外に回転機器を持たず，機器本体の重量も大きいために運転時の振動はほとんどないため，防振基礎上に設置する必要はない。

演習問題 20

　機器の据付けに関する記述のうち，適当でないものはどれか。

(1) 貯湯タンクの断熱被覆外面から壁面までの距離は，保守点検スペースを確保するため，60 cmとした。

(2) 建物内に設置する飲料用受水タンク上部と天井との距離は，100 cmとした。

(3) 汚物排水槽に設ける排水用水中ポンプは，排水流入口の近くに据え付けた。

(4) 洗面器を軽量鉄骨ボード壁に取り付ける場合は，アングル加工材をあらかじめ取り付けた後，バックハンガーを所定の位置に固定した。

解答 解説

(3) 排水流入口の近くにポンプを設置すると，落下した汚水に，空気を巻き込んでいるため，ポンプがエアを吸い込んで，揚水不良の原因となる。

演習問題 21

配管の施工に関する記述のうち，適当でないものはどれか。

(1) 配管用炭素鋼鋼管のねじ加工後，ねじ径をテーパねじ用リングゲージで確認した。

(2) 一般配管用ステンレス鋼鋼管の接合は，メカニカル接合とした。

(3) 水道用硬質塩化ビニルライニング鋼管の切断に，パイプカッターを使用した。

(4) 水道用硬質ポリ塩化ビニル管の接合は，接着（TS）接合とした。

解答 解説

(3) 水道用硬質塩化ビニルライニング鋼管の切断に，パイプカッターを使用すると，鋼管とライニング層がはく離し，管内にバリが出たりするので，帯鋸盤，弓鋸盤や自動金鋸盤を使用する。

演習問題 22

配管の施工に関する記述のうち，適当でないものはどれか。

(1) 排水立て管は，下層階に行くに従い，途中で合流する排水量に応じて管径を大きくする。

(2) ループ通気管は，最上流の器具排水管を接続した排水横枝管の下流直後から立ち上げる。

(3) 汚水槽の通気管は，単独で外気に開放する。

(4) 飲料用受水タンクのオーバーフロー排水は，間接排水とする。

解答 解説

(1) 排水立て管は，どの階においても，最下部の最も大きな排水負荷を負担する部分の管径と同一にする。タケノコ配管にならないようにする。

問題1　**機器の据付けに関する記述のうち，適当でないものはどれか。**

(1)　吸収冷温水機は，据付け後に工場出荷時の気密が保持されているか確認した。

(2)　大型ボイラーを，床スラブ上に打設した無筋コンクリート基礎上に固定した。

(3)　飲料用受水タンクを，高さ60cmの梁形コンクリート基礎上に据え付けた。

(4)　呼び番号4の天井吊り送風機を，形鋼製かご型架台上に据え付け，架台はアンカーボルトで上部スラブに固定した。

問題2　**機器の据付けに関する記述のうち，適当でないものはどれか。**

(1)　飲料用受水タンク上部と天井との距離を，100cmとした。

(2)　汚物排水槽に設ける排水用水中モーターポンプは，点検，引上げに支障がないように，点検用マンホールの真下に設置した。

(3)　ビル用マルチエアコン室外機は，排出された高温空気がショートサーキットしないように，周囲に十分は空間を確保して設置した。

(4)　壁付洗面器を軽量鉄骨ボード壁に取り付ける場合は，あと施工アンカーでバックハンガーを所定の位置に固定した。

問題3　**配管の施工に関する記述のうち，適当でないものはどれか。**

(1)　硬質ポリ塩化ビニル管を接着（TS）接合する際に，受口及び差口に接着剤を均一に塗布した。

(2)　水道用硬質塩化ビニルライニング鋼管の切断後に，管端部の面取りを鉄部が露出するまで確実に実施した。

(3)　小口径の一般配管用ステンレス鋼鋼管の接続に，メカニカル管継手を使用した。

(4)　冷媒用鋼管の接続はフレア管継手とし，加工後はフレア部の肉厚や大きさが適切か確認した。

問題4　**配管の支持及び固定に関する記述のうち，適当でないものはどれか。**

(1)　振れ止め支持に用いるUボルトは，伸縮する配管であっても，強く締

め付けて使用する。

(2) ステンレス鋼管を鋼製金物で支持する場合は，ゴムなどの絶縁体を介して支持する。

(3) 機器まわりの配管は，機器に配管の荷重がかからないように，アングルなどを用い支持する。

(4) 複式伸縮管継手を用いる場合は，継手本体を固定し，両側にガイドを設ける。

問題5　ダクト及びダクト付属品の施工に関する記述のうち，適当でないものはどれか。

(1) 長方形ダクトの板厚は，ダクトの周長により決定する。

(2) 長方形ダクトのエルボの内側半径は，ダクト幅の 1/2 以上とする。

(3) ダクトの断面を縮小するときは，30° 以内の角度で縮小させる。

(4) 浴室等の多湿箇所の排気ダクトは，継手及び継目の外側からシールを施す。

問題6　ダクト及びダクト付属品の施工に関する記述のうち，適当でないものはどれか。

(1) 消音エルボや消音チャンバーの消音材には，グラスウール保温材を用いる。

(2) ダクトの割込み分岐の割込み比率は，風量の比率により決める。

(3) 亜鉛鉄板製スパイラルダクトは，一般に，補強は不要である。

(4) アングルフランジ工法ダクトは，長辺が大きくなるほど，接合用フランジ最大取付間隔を大きくすることができる。

問題7　ダクト及びダクト付属品の施工に関する記述のうち，適当でないものはどれか。

(1) 補強リブは，ダクトの板振動を防止するために設ける。

(2) 防火壁を貫通するダクトと壁のすき間は，ロックウール保温材などの不燃材で埋める。

(3) 浴室などの多湿箇所の排気ダクトは，継手及び継目にシールを施す。

(4) コーナーボルト工法は，フランジ押え金具で接続するので，ボルト・ナットを必要としない。

問題8　ダクト及びダクト付属品の施工に関する記述のうち，適当でないものはどれか。

(1)　建物の外壁に設置する給気，排気ガラリの面風速は，騒音が発生しないよう許容風速以下とする。

(2)　たわみ継手（キャンバス継手）は，送風機の振動をダクトに伝えないために用いる。

(3)　防火ダンパーを天井内に設ける場合は，保守点検が容易に行える天井点検口を設ける。

(4)　送風機の吐出し直後のダクトを曲げる場合は，羽根の回転方向と逆方向とする。

問題9　保温・保冷・塗装に関する記述のうち，適当でないものはどれか。

(1)　保温筒を用いた施工では，保温筒相互の間ぎきは少なくして重ね部の継目が同一線上になるように取り付ける。

(2)　冷水管の保温施工では，透湿防止の目的でポリエチレンフィルムを補助材として使用する。

(3)　鋼管のねじ接合後の余ねじ部には，切削油を拭き取ったうえで，防錆塗料を塗布する。

(4)　鋼管の亜鉛めっき面に塗装を行う場合は，エッチングプライマーを下地処理として使用する。

問題10　保温・塗装に関する記述のうち，適当でないものはどれか。

(1)　立て管の保温外装材のテープ巻きは，上部より下部に向かって行う。

(2)　保温材相互の間隙はできるだけ少なくし，重ね部の継ぎ目は同一線上を避けて取付ける。

(3)　ゴム製フレキシブルジョイントや防振ゴムなどのゴム部分は塗装を行わない。

(4)　ダクトや配管の一般的な仕上げには，合成樹脂調合ペイントを使用する。

問題11　JIS に規定されている配管の識別表示について，物質の種類とその識別色の組合せのうち，誤っているものはどれか。

（物質の種類）（識別色）

(1)　水―――――青色

(2) 蒸気————暗い赤色

(3) 油————灰色

(4) ガス————うすい黄色

問題12　自然流下方式の排水設備の試験方法として，適当でないものはどれか。

(1) 煙試験

(2) 水圧試験

(3) 通水試験

(4) 満水試験

復習問題　解答解説

問題 1 ⑵　大型ボイラーなどの重量機器は，地震時にアンカーボルトに加わる引抜き力とせん断力が大きいため，無筋コンクリートではなく，鉄筋コンクリートとして，鉄筋に緊結する。

問題 2 ⑷　軽量鉄骨ボード壁には，鉄板あるいはアングル加工材をあらかじめ取り付け，AY ボルト等で固定する。壁付洗面器等の重量物を直接取り付けることはできない。

問題 3 ⑵　水道用硬質塩化ビニルライニング鋼管の管端部の面取りは，鉄部を露出してはならない。鉄部を防食しているライニングの役割がなくなる。

問題 4 ⑴　U ボルトを強く締め付けると，熱膨張などによる配管の伸縮ができなくなるので，強く締め付けて固定してはならない。

問題 5 ⑴　ダクトは，短辺より長辺の方が弱いため，長方形ダクトの板厚は，一般にその長辺の長さにより決定する。

問題 6 ⑷　接合用フランジの取付け間隔は，最大 1,820 mm で長辺のサイズに関係ない。アングルフランジ工法のダクトは，長辺が大きくなるほどたわみやすくなり，空気の脈動による振動・騒音が出やすいため，必要に応じて補強を入れる。

問題 7 ⑷　コーナーボルト工法では，四隅をボルト・ナットで締め，フランジ押え金具で接続するので，ボルト・ナットは必要である。

問題 8 ⑷　送風機吐出し部から十分な距離をとり，送風機の回転方向に曲げる。送風機の吐出し直後で，ダクト曲り部の方向を送風機の回転方向と逆方向にすると，曲り部に大きなうず流が発生して，騒音や振動の原因になる。

問題 9 ⑴　保温筒の重ね部の継目が同一線上になると，その部分の保温効果が減少して結露等を生じる恐れがあるため，継目は同一線上にならないように，ずらして取り付ける。

問題 10 ⑴　立て管の保温外装材のテープ巻きは，下部より上部へ向かって行う。逆だとゴミ，ホコリ，ヨゴレがたまりやすくなる。

問題 11 ⑶　油の識別色は，茶色である。

問題 12 ⑵　自然流下方式の排水配管の管内圧力は，一般に小さいので，配管系として水圧試験を行う必要はなく，満水試験，煙試験，通水試験が採用されている。

第一次検定

第9章 法 規

1 建築基準法

1. 主要事項

ⓐ 建築基準法の目的

この法律は，建築物の敷地，構造，設備及び用途に関する最低の基準を定めて，国民の生命，健康及び財産の保護を図り，もって公共の福祉の増進に資することを目的とする。

ⓑ 建築物の定義

1. 建築物とは，土地に定着する工作物のうち，屋根及び柱若しくは壁を有するもの，これに付随する門若しくは塀を言う。
2. 建築物であるものの例，地下街の店舗，野球場の野外スタンド，屋根と柱のみの自動車車庫，住宅に付随する塀。
3. 建築物でないものの例，駅のプラットホームの上家。

ⓒ 用語の定義

1. 建築とは建築物を新築し，増築し，改築し，又は移転することをいう。
2. 居室とは，居住，執務，作業，集会，娯楽その他これらに類する目的のために継続的に使用する室をいう。
3. 居室に該当するものとしては事務所の守衛室，商店の売場，ホテルのロビー，工場内の作業場など，該当しないものとして住宅の浴室がある。
4. 建築設備の定義には居室は含まれない。

ⓓ 建築確認を要するもの

1. 階数が2以上又は延べ面積が200 m² を超える木造以外の建築物。
2. 高さが8 m を超える高架水槽。
3. その用途に供する部分の床面積の合計が100 m² を超える特殊建築物。
4. エレベーターやエスカレータその他の定期検査の対象建築設備。
5. 高さが6 m を超える煙突。

❹ 建築確認同意

1. 建築確認に際しては消防署長の同意を必要とする。
2. 保健所長は，必要があると認める場合に，特定建築物に該当する建築物の許可又は確認について，特定行政庁又は建築主事に対して意見を述べることができる。

❻ 建築主事

1. 政令で指定する人口25万人以上の市は，その長の指揮監督の下に，確認に関する事務をつかさどらせるために，建築主事を置く。
2. 建築主事の資格検定は国土交通大臣が行う。

❼ 建築監視員

建築監視員は，特定行政庁が都道府県，市町村の史員のうちから命ずる。

❽ 建築制限

1. 地階には原則として，住宅の居室，学校の教室，病院の病室，又は寄宿舎の寝室などを設けてはならない。
2. 避難階段の出入口に設ける防火戸は，避難階は外側に，その他は階段室側に向かって開く構造としなければならない。

❾ 建築物の敷地

1. 建築物の敷地は，これに接する道の境より高くしなければならず，建築物の地盤面は，これに接する周囲の土地より高くしなければならない。ただし，敷地内の排水に支障がない場合，又は建築物の用途により防湿の必要がない場合においては，この限りでない。
2. 敷地面積は，敷地の水平投影面積による。

❿ 採光，換気面積

採光又は換気に有効な部分の面積の床面積に対する割合は下記の通り。
採光　1／5 以上　幼稚園，小，中，高校の教室，保育所の保育室。
　　　1／7 以上　病院又は診療所の病室，住宅の居室，寄宿舎や下宿の宿泊室。
　　　1／10以上　隣保館の居室。

第9章

法

規

換気　1／20以上　居室。

演習問題 1

建築の用語に関する記述のうち，「建築基準法」上，誤っているものはどれか。

(1)　建築物に設ける煙突は，建築設備である。

(2)　モルタルは，不燃材料である。

(3)　熱源機器の過半を更新する工事は，大規模の修繕である。

(4)　継続的に使用される会議室は，居室である。

解答　解説 ‥‥‥‥‥‥‥‥‥‥‥‥‥‥‥‥‥‥‥‥‥‥‥‥‥‥‥‥‥‥‥

(3)　大規模の修繕とは，建築物の主要構造部の1種以上について行う過半の修繕をいうのであって，熱源機器は，主要構造部ではないため，大規模の修繕にならない。主要構造部とは，壁，柱，床，はり，屋根又は階段をいい，火災が起こった時に命を守る部分をいう。

演習問題 2

建築物に設ける配管設備に関する記述のうち，「建築基準法」上，誤っているものはどれか。

(1)　地階に居室を有する建築物に設ける換気設備の風道は，防火上支障がある場合，難燃材料で造らなければならない。

(2)　雨水排水立て管は，通気管と兼用してはならない。

(3)　排水のための配管設備で，汚水に接する部分は，不浸透質の耐水材料で造らなければならない。

(4)　給水管及び排水管は，エレベーターの昇降路内に設けてはならない。

解答　解説 ‥‥‥‥‥‥‥‥‥‥‥‥‥‥‥‥‥‥‥‥‥‥‥‥‥‥‥‥‥‥‥

(1)　令第129条の2の5第1項第六号に，「地階を除く階数が3以上である建築物，地階に居室を有する建築物又は延べ面積が $3,000 \mathrm{m}^2$ を超える建築物に設ける換気，暖房又は冷房の設備の風道及びダストシュート，メールシュート，リネンシュートその他これらに類するもの（屋外に面する部分その他防火上支障がないものとして国土交通大臣が定める部分を除く。）は不燃材料で造ること。」と規定されていて，難燃材料ではない。

ただし，同項七号に，風道以外の各種管類について，国土交通大臣が，防

火上支障がないと認めて定める基準に適合する部分については，不燃材料で造ることを要しない旨を定めている。

 **演習問題3**

建築の用語に関する記述のうち，「建築基準法」上，誤っているものはどれか。

(1) 工場は，特殊建築物である。

(2) 建築物に設ける避雷針は，建築設備である。

(3) 最下階の床は，主要構造部である。

(4) ガラスは，不燃材料である。

解答 解説 --

(3) 主要構造部とは，壁，柱，床，はり，屋根又は階段をいい，火災が起こった時に命を守る部分をいう。建築物の構造上重要でない最下階の床は，主要構造部ではない。

2 建設業法

1. 主要事項

- **ⓐ** 2以上の都道府県の区域内に営業所を設けて建設業を営もうとする者は，国土交通大臣の許可を受けなければならない。

- **ⓑ** 一の都道府県の区域内にのみ営業所を設けて，建設業を営もうとする者は，当該営業所の所在地を管轄する都道府県知事の許可を受けなければならない。

- **ⓒ** 建設業の許可を受けなくてもよいものとして，軽微な建設工事のみを請け負うことを営業とする者とは次の者をいう。
  1. 建築一式工事にあっては
     ①工事一式の請負代金の額が 1,500 万円に満たない工事。
     ②延べ面積が 150 m² に満たない木造住宅工事。
  2. 建築一式工事以外の建設工事にあっては，500 万円に満たない工事。

- **ⓓ** 発注者から直接請け負う 1 件の建設工事につき，その工事の下請け代金が 4,500 万円以上となる下請契約をして施工するものは，特定建設業の許可を受けなければならない。

- **ⓔ** 特定建設業に該当しない者は一般建設業の許可を受けなければならない。

- **ⓕ** 建設業の許可は，5 年ごとに更新を受けなければ消滅する。

- **ⓖ** 建設業者は，あらかじめ書面で承諾を得た場合を除き，請け負った建設工事を一括して他人に請け負わせてはならない。

- **ⓗ** 建設業者は，その請け負った建設工事を施工するときは，主任技術者を置かなければならない。

- **ⓘ** 注文者は，元請負人に対し，施工に著しく不適当と認められる下請負人の変更を求めることができる。

- **ⓙ** 注文者は，工事を入札の方法で競争に付する場合，入札以前に建設業者が当該工事の見積りをするために必要な，一定の期間を設けなければならない。

- **ⓚ** 建設工事の請負契約の締結に際しては，次の事項を書面に記載しなければならない。
  1. 工事内容

2. 請負代金の額。

3. 工事着手の時期及び工事完成の時期。

4. 前金払い又は出来高払いの定めをするときは，その時期及び方法。

5. 設計変更，工事着手の延期又は中止などの場合の工期の変更，請負額の変更，損害の負担等に関する定め。

6. 不可抗力による工期の変更，損害の負担等に関する定め。

7. 価格等の変動もしくは変更に基づく請負代金の額又は工事内容の変更。

8. 工事の施工により，第三者が損害を受けた場合における賠償金の負担に関する定め。

9. 注文者による工事資材の提供，建設機械の貸与があるときの定め。

10. 注文者による工事完成検査の時期及び引渡しの時期。

11. 工事完成後における請負代金の支払の時期及び方法。

12. 当事者の債務不履行の場合における違約金等の定め。

13. 契約に関する紛争の解決方法。

演習問題 4

　建設業の許可を受けた建設業者が，工事現場に掲げる標識の記載項目として，「建設業法」上，定められていないものはどれか。

(1) 許可年月日，許可番号及び許可を受けた建設業

(2) 現場代理人の氏名

(3) 主任技術者又は監理技術者の氏名

(4) 一般建設業又は特定建設業の別

解答 解説 ∙∙∙

(2) 法第 40 条の規定により，建設業者が掲げる標識の記載事項は，店舗にあっては第一号から第四号までに掲げる事項，建設工事の現場にあっては第一号から第五号までに掲げる事項とする。

一　一般建設業又は特定建設業の別

二　許可年月日，許可番号及び許可を受けた建設業

三　商号又は名称

四　代表者の氏名

五　主任技術者又は監理技術者の氏名

　したがって，現場代理人の氏名を記載することはない。

演習問題 5

建設業の許可に関する記述のうち，「建設業法」上，誤っているものはどれか。

(1) 一般建設業の許可を受けた建設業者は，請け負おうとする工事を自ら施工する場合，請負金額の大小にかかわらず請け負うことができる。

(2) 建設の許可を受けた建設業者は，工事の一部を下請負人として請け負った場合でも，主任技術者を置く必要がある。

(3) 2級管工事施工管理技士は，管工事業に係る一般建設業の許可を受ける建設業者が営業所ごとに専任で置く技術者としての要件を満たしている。

(4) 都道府県知事の許可を受けた建設業者は，許可を受けた都道府県以外では，工事を請け負うことができない。

解答 解説 ・・・

(4) 建設業の許可は，営業についての地域的制限はなく，都道府県知事の許可であっても全国で営業活動することができ，全国どこでも工事を請け負って仕事ができる。

3 下水道法

1. 主要事項

ⓐ 下水道法関連用語

1. 下水道とは，次の①②③の総体をいう。
   - ①−排水管，排水きょ，その他の排水施設。
   - ②−①に接続して下水を処理するために設けられる処理施設。
   - ③−①②の施設を補完するために設けられるポンプ施設その他の施設。
2. 下水とは，生活若しくは事業（耕作の事業を除く）に起因し，若しくは付随する廃水又は雨水をいう。
3. 流域下水道とは，2 以上の市町村における下水を排除し，終末処理場を有するものをいう。
4. 公共下水道とは，地方公共団体が管理する，終末処理場を有するもの又は流域下水道に接続する排水施設の相当部分が暗きょである市街地の下水を排除するものをいう。

ⓑ 除害対象項目

1. 除害対象項目と放流限度
   - ①温度（45 ℃以上のもの）
   - ②水素イオン濃度（pH5 以下又は 9 以上のもの）
   - ③沃素消費量（1ℓにつき 220 mg 以上のもの）
   - ④ノルマルヘキサン抽出物質含有量
     - （鉱油類含有量・・・・・・・・1ℓにつき 5 mg をこえる物）
     - （動植物油脂類含有量・・・・・1ℓにつき 30 mg をこえる物）
   - ⑤浮遊物質量
   - ⑥生物化学的酸素要求量（BOD）
2. 除害項目対象外・・・・陰イオン界面活性剤

ⓒ 下水道の管理

公共下水道の設置，改築，修繕，維持その他の管理は地方公共団体（都道

府県，市町村）が行う。

❹ くみ取り便所の改造

処理区域内においてくみ取り便所が設けられている建築物を所有する者は，公共下水道による下水の処理開始から3年以内に，その便所を水洗便所に改造しなければならない。

演習問題6

下水道法に関する次の記述のうち，誤っているものはどれか。

(1) 処理区域内においてくみ取り便所が設けられている建築物を所有する者は，公共下水道による処理開始から3年以内に，その便所を水洗便所に改造しなければならない。

(2) この法律で定める下水には，雨水も含まれる。

(3) 公共下水道とは，地方公共団体が管理する終末処理場を有するもの，又は流域下水道に接続する排水施設の相当部分が暗きょである市街地の下水を排除するものをいう。

(4) 下水道に流してはならない除害項目として，60℃以上の温水，pH5以下又はpH9以上の排水等が定められている。

解答　解説 ···

(4) 45℃以上の温水を下水道に流してはならない（前頁，❺の1.の①）。

演習問題7

下水道法に規定する公共下水道の定義で，次のうち正しいものはどれか。

(1) 主として市街地における下水を排除するために地方公共団体が管理する下水道である。

(2) 主として予定処理区域内に工場又は事業場を設置する事業者の事業活動に係る汚水を排除し，処理するものである。

(3) 主として市街地における下水を排除し，処理するために地方公共団体が管理する下水道で，終末処理場を有するものである。

(4) 地方公共団体が管理する下水道により排除される下水を受けて，これを排除し処理するために都道府県が管理する下水道で，2以上の市町村の区域における下水を排除するものである。

解答 解説

(3)　P.253，**a**の 4. 参照。

4 水道法

1. 主要事項

ⓐ 水道法関連用語

1. 水道とは，導管及びその他の工作物により，水を人の飲用に適する水として供給する施設の総体を言う。但し臨時に施設されたものを除く。
2. 水道事業とは，一般の需要に応じて，水道により水を供給する事業を言う。但し，給水人口が 100 人以下である水道によるものを除く。
3. 簡易水道事業とは，給水人口が 5,000 人以下である水道により，水を供給する水道事業をいう。

ⓑ 水道事業者

1. 水道事業者は，業務従事者の定期健康診断をおおむね 3 か月ごとに行うこと。
2. 水道事業者は，定期及び臨時の水質検査を行うこと。

ⓒ 簡易専用水道

1. 簡易専用水道とは，水道事業の用に供する水道及び専用水道以外の水道であって，水道事業の用に供する市水道など水道から供給を受ける水のみを水源とするものをいう。（人数による規制は無い）
2. 受水槽の有効容量（溢水管下端と集水弁上端の間の水量）の合計が 10 m³ をこえるものに適用される。
3. 簡易専用水道の設置者は，定期に地方公共団体の機関又は厚生大臣の指定する者の水質検査及び点検を受けること。（1 年以内ごとに 1 回）
4. 貯水槽の掃除を 1 年以内ごとに 1 回定期に行うこと。
5. 井戸水を水源とする貯水槽は簡易専用水道には該当しない。
6. 水道水のみを水源とする水槽のうち，全く飲用に供しない消火用水槽は，簡易専用水道に該当しない。

ⓓ 専用水道

専用水道とは，寄宿舎，社宅，療養所等における自家用の水道，その他水道事業の用に供する水道以外の水道であって，100人をこえる者にその居住に必要な水を供給するものをいう。

ⓔ 給水装置

給水装置とは，需要者に水を供給するために水道事業者の施設した配水管から分岐して設けられた給水管及びこれに直結する給水用具をいう。

ⓕ 水道技術管理者

水道事業者は，水道の管理について技術上の業務を担当させるため，水道技術管理者1人を置かなければならない。

演習問題8

水道法に関する次の記述のうち，（　　）内に当てはまる語句又は数値の組合せとして正しいものはどれか。

水道事業者は，業務従事者の定期健康診断をおおむね（　A　）ごとに行わなければならない。

簡易専用水道は，受水槽の有効容量の合計が（　B　）m³を超えるものに適用される。

	（　A　）	（　B　）
(1)	1か月ごと	10
(2)	3か月ごと	20
(3)	3か月ごと	10
(4)	6か月ごと	20

解答 解説 ------------------------------------

(3)　前頁，ⓑおよびⓒ参照。

5 消防法

1. 主要事項

ⓐ 消防用設備等の工事に関する手続き

1. 工事に着手するときは，工事着手前の 10 日前までに工事着工届を提出する。
2. 工事着工届は，甲種消防設備士が所轄消防署に提出する。
3. 工事が完了すると，4 日以内に設置届を提出する。
4. 設置届は，施主の代表者が所轄消防署に提出する。
5. 完成検査を受けた後，検査済証の交付を受けてからでないと，使用してはならない。

ⓑ 消防用設備の体系

1. 消火設備——消火栓設備，スプリンクラー設備，泡消火設備，粉末消火設備，動力消防ポンプ設備，消火器，簡易消火用具等
2. 警報設備——火災報知設備，非常放送設備等
3. 避難設備——救助袋，緩降機，避難ばしご等
4. 消防活動上 ——連結散水設備，排煙設備，連結送水管，非常コンセント
   必要な施設 　設備，無線通信補助設備等
5. 消防用水——（超高層ビルなど巨大建築物に設置が義務付けられる）

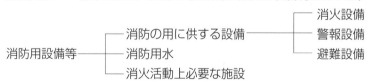

```
                                                    ┌─ 消火設備
                          ┌─ 消防の用に供する設備 ──┼─ 警報設備
消防用設備等 ─────────────┼─ 消防用水              └─ 避難設備
                          └─ 消火活動上必要な施設
```

演習問題 9

消防用設備等の分類で，下のカッコの中に当てはまる組合せで適当なものはどれか。

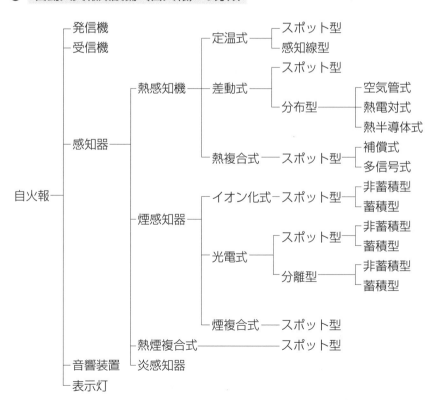

```
                      ┌── 消防の用に供する設備 ──┬── （   ①   ）
                      │                        ├── （   ②   ）
  消防用設備等 ─────────┤                        └── 避難設備
                      ├── （   ③   ）
                      └── 消火活動上必要な施設
```

(1)　①消火設備　　　　　　②消防用水　　　　③排煙設備
(2)　①警報設備　　　　　　②排煙設備　　　　③消火設備
(3)　①非常用コンセント設備　②警報設備　　　　③消火設備
(4)　①消火設備　　　　　　②警報設備　　　　③消防用水

解答 **解説** ∙∙∙

(4)　前頁，❺参照。

ⓒ 　自動火災報知設備（自火報）の分類

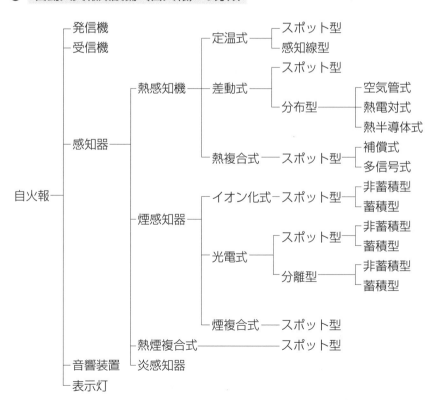

ⓓ 消防設備の点検

　　①外観点検及び機能点検　　　６月ごと
　　②作動点検　　　　　　　　　６月ごと
　　③総合点検　　　　　　　　　１年ごと

6 労働安全衛生法

1. 主要事項

ⓐ 職制の選任と職務

選任職制	適用範囲事業所	職務	資格要件
総括安全衛生管理者	常時100人以上の労働者を使用する事業所	安全管理者又は衛生管理者を指揮し安全衛生業務を統括管理	事業所長等の事業の実施を統括管理する者
安全管理者	①常時50人以上の労働者を使用する事業所 ②常時300人以上使用の場合は1人を専任	安全に関する技術的事項を管理 ①事業所等の巡視 ②危険防止の措置を講ずる	理科系の大学高専卒後3年高校卒後5年以上実務経験か労働大臣指定者
衛生管理者	①常時50人以上の労働者を使用する事業所 ②常時200人以上を使用する場合はその規模に応じ2人以上専任	衛生に関する技術的事項を管理 ①少なくとも毎週1回巡視 ②健康を保護する必要な措置を講ずる	医師 歯科医師 労働大臣指定者
産業医	常時50人以上の労働者を使用する事業所	健康診断その他健康管理 ①少なくとも月1回以上作業場を巡視 ②健康を守る措置を講ずる	医師
統括安全衛生責任者	同一場所で元請・下請合わせて常時50人以上の労働者が混在する事業の特定元方事業者	①元請の義務となる各事項を統括管理する ②安全衛生責任者への連絡	その場所でその事業の実施を統括管理するもの （所長など）

第9章

法

規

安全衛生責任者	上記の場合で統括安全衛生責任者を選任すべき事業者以外の請負人	統括安全衛生責任者との連絡又はそれから受けた連絡事項の関係者への連絡	通常下請業者の現場責任者など
安全衛生協議会	作業員の人数に関係なく混在事業所ではすべての事業所が該当する	毎月1回以上開催 ①作業間の連絡 ②作業間の調整	別途工事業者も含め関係請負人がすべて参加
安全委員会衛生委員会又は安全衛生委員会	常時50人以上の労働者を使用する事業所	毎月1回以上開催 安全委員会協議事項 ①危険防止対策 ②労働災害原因調査と再発防止対策 ③危険防止関係重要事項 衛生委員会協議事項 ①健康障害防止対策 ②上記②の衛生関係 ③健康障害防止重要事項	

❺ 安全衛生教育

次の場合，事業者は安全衛生教育を実施しなければならない。

1. 労働者を雇入れたとき。
2. 労働者の作業内容を変更したとき。
3. 省令で定める危険又は有害な業務につかせるとき。
4. 労働者を直接指導又は監督する者（作業主任者を除く）や職長を新たな職務につかせるとき。

❻ 就業制限

一定の危険有害業務については，都道府県労働基準局長の免許を受けた者，又は都道府県労働基準局長等の指定する者が行う技能講習を修了した者など，一定の資格を有する者でなければその業務につかせてはならない。

演習問題 10

労働安全衛生法で定められている安全管理者の職務に関する次の記述のうち，誤っているものはどれか。

(1) 安全管理者は，労働者の危険防止に関する技術的事項を管理する。

(2) 安全管理者は，労働者の健康診断の実施など，健康管理に関する技術的事

項を管理する。

(3) 安全管理者は，労働者の安全教育の実施に関する技術的事項を管理する。

(4) 安全管理者は，労働災害の原因の調査及び再発防止対策に関する技術的事項を管理する。

解答 **解説**

(2) 2の内容は衛生管理者の職務である。

演習問題11

労働安全衛生法に規定する安全委員会に関する次の記述のうち，誤っているものはどれか。

(1) 100人以上の労働者を使用する建設業の事業場には，安全委員会を設けなければならない。

(2) 安全委員会の構成員には，安全管理者のうちから事業者が指名した者を含めなければならない。

(3) 安全委員会の業務は，労働災害の原因及び再発防止対策で，安全に関する審議も行われる。

(4) 安全に関する規定及び安全教育の実施計画の作成も行う。

解答 **解説**

(1) 安全委員会は50人以上の労働者のいる事業場で開催する。

7 労働基準法

1. 労働条件の明示

ⓐ 必ず明示する事項

1. 就業の場所及び従事すべき業務について
2. 始業及び終業の時刻，休憩時間，休日，休暇について
3. 労働者を2組以上に分けて就業させる場合の就業時転換について
4. 賃金の決定，計算及び支払いの方法について
5. 賃金の締切り，支払時期及び昇給について
6. 退職について（具体的には，就業規則に従う）

ⓑ 定めのあるときに明示すべき事項

1. 退職手当，その他の手当，賞与，最低賃金額について
2. 労働者に負担させる食費及び作業用品について
3. 安全及び衛生について
4. 職業訓練について
5. 災害補償及び業務外の傷病扶助について
6. 表彰及び制裁について
7. 休職について

ⓒ 労働契約の解除

　明示された労働条件と事実が相違する場合，労働者は直ちに労働契約を解除することができる。

ⓓ 使用者の行使禁止事項

1. 使用者は，労働者の意志に反して労働を強制してはならない。
2. 使用者は，労働者が労働することを条件とする前貸の債務と賃金を相殺してはならない。（ただし，信用貸とした債権と賃金とを相殺しても違法にはならない）
3. 使用者は，労働契約に付随して貯蓄の契約をさせたり，貯蓄金の管理を

する契約をしてはならない。

4. 使用者は，他人の就業に介入して利益を得てはならない。

❺ 使用者の行うべき事項

1. 解雇の制限

原則として，業務上負傷したり疾病にかかり療養のために休業する期間とその後 30 日間，産前産後の女子が法の規定によって休業する期間とその後 30 日間は解雇してはならない。

療養開始後 3 か年経過しても負傷又は疾病がなおらず，打切り補償を支払う場合や，天災などで事業が継続できないことが行政官庁から認定されたときは解雇できる。

2. 解雇の予告

使用者は，労働者を解雇しようとするとき，少なくとも 30 日前には予告をしなければならない。なお，30 日前に予告しなくても，1 日について平均賃金を支払えば，その日数を短縮することができる。ただし，日々雇入れられる者，2 か月以内の期間を定めて使用される者，季節的業務に 4 か月以内の期間を定めて使用される者，試みの使用期間中の者は，解雇の予告は適用されない。

❻ 賃金

1. 賃金とは，賃金，給料，手当，賞与，その他名称のいかんにかかわらず，労働の代償として支払われるものである。また，平均賃金とは，算定すべき日以前 3 か月間に支払われた賃金の総額を，其の期間の総日数で割った額のことである。

2. 賃金支払 5 原則
   ① 毎月 1 回以上支払う
   ② 一定の支払期日を定める
   ③ 通貨とする
   ④ 全額を支払う
   ⑤ 直接労働者に支払う

3. 使用者の責任により労働者が休業する場合，使用者は，休業中平均賃金の 60 ％以上の手当を支払わなければならない。

ⓖ 労働時間

1. 休憩時間を除き 1 日 8 時間，1 週間について 40 時間以内とする。ただし，就業規則で 4 週平均して 1 週間の労働時間 40 時間以内と定めた場合，特定の日に 8 時間，特定の週に 40 時間を超えてもよい。

2. 労働時間が 6 時間を超えるときは 45 分以上，8 時間を超えるときは少なくとも 1 時間の休憩を労働時間の途中に与えなければならない。
　休憩時間は，労働者に自由に利用させなければならない。

3. 休日は，毎週少なくとも 1 回，又は 4 週に 4 日以上与える。

4. 使用者は，労働者が公民権を行使しようとするとき拒否できない。

5. 6 か月間継続勤務し全労働日の 8 割以上出勤した者には 10 日以上，1 年 6 か月勤続した者は 6 ヵ月を超えた年数につき 1 日を加えた日数（最大 20 日）以上有給休暇を与えなければならない。

6. 時間外労働や休日労働は，労働者の過半数を代表とする者との書面による協定に基づいて行わせることができる。

7. 休日や時間外労働は，通常の 25 ％以上の割増しを支払う。
　午後 10 時から午前 5 時までの労働を深夜労働といい，さらに 25 ％の割増しを支払う。

ⓗ 女子及び年少者

1. 15 才に満たない者を児童といい，原則として労働者として使用してはならない。

2. 満 15 才以上 18 才未満の者を年少労働者として，雇用労働の対象としている場合，その年齢を証明する戸籍証明書を事務所に備え付ける。

3. 満 18 才以上 20 才未満の者を女子年少者労働基準規則で未成年者としている。

4. 年少労働者や未成年者が労働契約を結ぶ場合，本人の自主性が優先されなければならない。

5. 労働契約は本人でなければ結べない。

6. 賃金は，本人でなければ受け取れない。

7. 満 18 才未満の者は毒劇薬等を取扱う有害業務につかせてはならない。

ⓘ 災害補償

1. 療養補償・業務上の負傷については，使用者が負担する。

2. 休業補償・休業中平均賃金の 60 ％を支払う。

3. 障害補償・身体の障害の程度に応じて平均賃金の何日分かを補償する。

4. 遺族補償・業務上死亡したときは，平均賃金の千日分を補償する。

5. 葬 祭 料・業務上死亡したときは，平均賃金の 60 日分の葬祭料を支払う。

6. 打切補償・療養開始後 3 年を経過しても疾病がなおらないときは，1,200 日分の補償をして，その後の補償はしなくてもよい。

ⓙ 就業規則

1. 使用者が労働者代表等と協議して定める就業規則で，常時 10 人以上を使用する使用者は，行政官庁に届出なければならない。

   就業規則の作成に当たって，労働者代表等と協議するが合意の必要はない。労働者代表の署名がない届出も受理される。

2. 就業規則に必ず記載しなければならない事項

   ①労働時間に関する事項

   ②賃金に関する事項

   ③退職に関する事項

ⓚ 寄宿舎設置場所規則

1. 付近に爆発性及び引火性の物を取扱ったり貯蔵する場所がないこと。

2. ガス又は粉塵が発散して有害でないこと。

3. 著しい騒音のないこと。

4. なだれ又は土砂崩壊のおそれがないこと。

5. 湿潤でなく出水のとき浸水のおそれがないこと。必要なときは，雨水，汚水の排水の処理の施設を設けなければならない。

演習問題 12

労働基準法に規定する休憩時間に関する次の記述のうち，誤っているものはどれか。

(1) 労働時間が 8 時間を超える場合は，少なくとも 1 時間の休憩時間を与えなければならない。

(2) 行政官庁の許可を受けた場合を除き，休憩時間は一斉に与えなければならない。

(3) 休憩時間は，分割して与えてはならない。

(4) 休憩時間は，自由に利用させなければならない。

(3) 休憩時間は分割して与えてもよい。

演習問題 13

　就業規則に関する次の記述のうち，誤っているものはどれか。

(1) 常時 20 人未満の労働者を使用する使用者は作成しなくてもよい。

(2) 始業と終業の時刻及び休憩時間等について作成する。

(3) 退職に関する事項について作成する。

(4) 賃金の決定，支払の方法，昇給に関する事項について作成する。

(1) 労働者が常時 10 人未満の事業場では作成しなくてもよい（前頁，❶の 1. 参照）。

問題 1　建築確認を要するものとして，次のうち正しいものには○を，誤っているものには×を（　）の中に記入しなさい。

（　）(1)　階数が 2 以上又は延べ面積が 200 m² を超える木造以外の建築物

（　）(2)　高さが 6 m を超える高架水槽

（　）(3)　その用途に供する部分の床面積の合計が 200 m² を超える特殊建築物

（　）(4)　エレベーターやエスカレーターその他の定期検査の対象建築設備

（　）(5)　高さが 6 m を超える煙突

問題 2　建設業法に関する次の記述のうち，（　）内に当てはまる数値を下の記入欄に記入しなさい。

　建設業の許可を受けなくても行える建設工事

　　建築一式工事の請負代金の額が（　A　）万円に満たない工事

　　延べ面積が（　B　）m² に満たない木造住宅工事

　(1)　A（　　　　　　　　）　(2)　B（　　　　　　　）

問題 3　次のうち，排水管にそのまま流してはならないものには×を，流してもよいものには○を（　）の中に記入しなさい。

（　）(1)　40 ℃の風呂の湯

（　）(2)　洗剤を含んだ洗濯排水

（　）(3)　配管を酸洗いした pH3 の廃液

（　）(4)　pH11 のボイラーの排水

（　）(5)　水 1ℓ につき 100 mg のてんぷら油を含んだ厨房排水

問題 4　下水道法に関する次の記述のうち，（　）内に当てはまる語句又は数値を下の記入欄に記入しなさい。

　処理区域内において，汲取り便所が設けられている建築物を所有する者は，公共下水道による下水の処理開始から（　A　）以内に，その便所を水洗便所に改造しなければならない。

流域下水道とは，2以上の市町村における下水を排除し，（　B　）を有するものをいう。

　　　⑴　A（　　　　　　　　　　）　⑵　B（　　　　　　　　　）

問題5　消防法に基づく消防用設備等の体系で，消火活動上必要な施設に属する設備を5つ下の（　　　）の中に記入しなさい。

⑴　（　　　　　　　　　　　　　　　）

⑵　（　　　　　　　　　　　　　　　）

⑶　（　　　　　　　　　　　　　　　）

⑷　（　　　　　　　　　　　　　　　）

⑸　（　　　　　　　　　　　　　　　）

問題6　労働基準法に関する次の記述のうち，正しいものには○を，誤っているものには×を（　）の中に記入しなさい。

（　　）⑴　使用者は，他人の就業に介入して利益を得てはならない。

（　　）⑵　使用者は，労働者を解雇しようとするときは，少なくとも10日前には予告をしなければならない。

（　　）⑶　休憩時間は，労働者に自由に利用させなければならない。

（　　）⑷　18才に満たない者は，原則として労働者として使用してはならない。

（　　）⑸　常時10人以上を使用する使用者は，就業規則を作成し行政官庁に届出なければならない。

問題7　建設業法に関する次の記述のうち，（　　　）内に当てはまる語句又は数値を下の記入欄に記入しなさい。

　建設業を営もうとする者は，2以上の都道府県の区域内に営業所を設けて営業をしようとする場合にあっては（　A　）の，一つの都道府県の区域内にのみ営業所を設けて営業をしようとする場合にあっては（　B　）の許可を受けなければならない。

　　　⑴　A（　　　　　　　　　　）　⑵　B（　　　　　　　　　）

問題8　建設工事現場における安全管理体制に関する文中，￣￣￣￣内に当てはまる「労働安全衛生法」上に定められている数値の組合せとして，正しいものはどれか。

事業者は，労働者の数が常時　A　人以上の事業場においては，安全管理者を選任し，その者に法に定める業務のうち安全に係る技術的事項を管理させなければならない。

　また，労働者の数が常時　B　人以上　A　人未満の事業場においては，安全衛生推進者を選任しなければならない。

	(A)	(B)
(1)	50 ——— 10	
(2)	100 ——— 20	
(3)	100 ——— 50	
(4)	200 ——— 50	

問題 9　休日及び有給休暇に関する文中，　　　　内に当てはまる「労働基準法」上に定められている数値の組合せとして，正しいものはどれか。

　使用者は，労働者に対して，毎週少なくとも１回の休日を与えなければならない。ただし，４週間を通じ　A　日以上の休日を与える使用者については，この限りではない。

　また，使用者は，雇入れの日から起算して６箇月間継続勤務し，全労働日の８割以上出勤した労働者（一週間の所定労働時間が厚生労働省令で定める時間以上の者）に対して，継続し，又は分割した　B　労働日の有給休暇を与えなければならない。

	(A)	(B)
(1)	4 ——— 5	
(2)	4 ——— 10	
(3)	6 ——— 5	
(4)	6 ——— 10	

問題 10　建設業法の用語に関する記述のうち，「建設業法」上，誤っているものはどれか。

(1)　元請負人とは，建設工事（他の者から請け負った者を除く。）の注文者をいう。

(2)　建設業者とは，建設業の許可を受けて建設業を営む者をいう。

(3)　下請契約とは，建設工事を他の者から請け負った建設業を営む者と他の建設業を営む者との間で当該建設工事について締結される請負契約をいう。

(4) 建設工事とは，土木建築に関する工事で，土木一式工事，建築一式工事，管工事等をいう。

問題11　建設業の許可に関する文中，_____内に当てはまる金額と用語の組合せとして，「建設業法」上，正しいものはどれか。

　　管工事業を営もうとする者は，工事1件の請負代金の額が　A　に満たない工事のみを請負おうとする場合を除き，建設業の許可を受けなければならない。

　　また，建設業の許可は，2以上の都道府県の区域内に営業所を設けて営業しようとする場合は，　B　の許可を受けなければならない。

　　　　　　　(A)　　　　　　　　　(B)
(1)　500万円 ──────── 当該都道府県知事
(2)　500万円 ──────── 国土交通大臣
(3)　1,000万円 ─────── 当該都道府県知事
(4)　1,000万円 ─────── 国土交通大臣

問題12　危険物の種類と指定数量の組合せのうち，「消防法」上，誤っているものはどれか。

　　（危険物の種類）　　（指定数量）
(1)　ガソリン ──────── 200ℓ
(2)　灯油 ─────────── 500ℓ
(3)　軽油 ─────────── 1,000ℓ
(4)　重油 ─────────── 2,000ℓ

問題13　次の建築設備のうち，「エネルギーの使用の合理化等に関する法律」上，エネルギーの効率的利用のための措置を実施することが定められていないものはどれか。
(1)　給湯設備
(2)　照明設備
(3)　給水設備
(4)　空気調和設備

問題14　浄化槽工事に関する記述のうち，「浄化槽法」上，誤っているものはどれか。

(1) 浄化槽を設置した場合は，使用を開始する前に，指定検査機関の行う水質検査を受けなければならない。

(2) 浄化槽を工場で製造する場合，型式について，国土交通大臣の認定を受けた。

(3) 浄化槽工事を行う場合，浄化槽設備士の資格を有する浄化槽工事業者が自ら実地に監督した。

(4) 浄化槽工事業者は，営業所ごとに，氏名又は名称，登録番号等を記載した標識を見やすい場所に掲げなければならない。

第9章

法

規

問題 1（P.246 の**d**参照）

(1)　（○）

(2)　（×）高さが 8 m を超える高架水槽

(3)　（×）その用途に供する部分の床面積の合計が 100 m^2 を超える特殊建築物

(4)　（○）

(5)　（○）

問題 2（P.250，1. の**c**参照）

(1)　A（1,500）万円

(2)　B（150）m^2

問題 3（P.253 の**b**参照）

(1)　（○）45 ℃未満につき可

(2)　（○）陰イオン界面活性剤（洗剤の主剤）は除害対象項目外につき可

(3)　（×）pH5 以下の強酸につき不可

(4)　（×）pH9 以上の強アルカリにつき不可

(5)　（×）30 mg を超える高濃度につき不可

問題 4

(1)　A（3 年）以内（P.254 の**d**）

(2)　B（終末処理場）（P.253，**a**の 3.）

問題 5（P.258，**b**の 4. 参照）

(1)　（連結散水設備）

(2)　（排煙設備）

(3)　（連結送水管）

(4)　（非常コンセント設備）

(5)　（無線通信補助設備）

問題 6

(1)　（○）（P.265，**d**の 4.）

(2)　（×）解雇の予告は 30 日前（P.265，**e**の 2.）

(3)　（○）

(4)　（×）15 才に満たない者

(5)　（○）

問題7
　(1)　A（国土交通大臣）（P.250，1. の**ⓐ**）
　(2)　B（都道府県知事）（P.250，1. の**ⓑ**）
問題8　(1)　労働者の数が常時50人以上の事業場においては，安全管理者を
　　　　　　選任し，安全に係る技術的事項を管理させる。また，労働者の数が
　　　　　　常時10人以上50人未満の事業場においては，安全衛生推進者を
　　　　　　選任する。
問題9　(2)　Aには4が入る。Bには10が入る。4週間を通じて4日以上の
　　　　　　休日を与える使用者については，この限りではない。
　　　　　　　継続し又は分割した10労働日の有給休暇を与えなければならな
　　　　　　い。
問題10　(1)　発注者とは，建設工事（他の者から請け負ったものを除く。）の
　　　　　　注文者をいい，元請負人とは，下請契約における注文者で建設業者
　　　　　　であるものをいう。
問題11　(2)　工事1件の請負代金が500万円以上の工事を請け負う場合は，
　　　　　　建設業の許可が必要である。また，建設業の許可では，2以上の都
　　　　　　道府県の区域内に営業所を設けて営業しようとする場合は，国土交
　　　　　　通大臣の許可が必要である。
問題12　(2)　灯油は1,000ℓである。
問題13　(3)　法第72条の政令で定める建築設備は，次の通りで，
　　　　　一　空気調和設備その他の機械換気設備
　　　　　二　照明設備
　　　　　三　給湯設備
　　　　　四　昇降機
　　　　　と規定されている。したがって，給水設備，ガス設備は定められて
　　　　　いないものである。
問題14　(1)　環境省関係浄化槽法施行規則第4条（設置後等の水質検査の内容
　　　　　　等）第1項に，「法第7条第1項の環境省令で定める期間は，使用
　　　　　　開始後3月を経過した日から5月間とする。」と規定されている。
　　　　　　新たに設置された浄化槽は，使用開始後正常に機能し始めた頃に，
　　　　　　水質検査を行う。したがって，使用を開始する前ではない。

第9章

法

規

第一次検定

第 10 章 模擬試験

【新制度問題】

問題番号【No.1】から【No.6】までの 6 問題は**必須問題**です。全問題を解答してください。

問題番号【No.7】から【No.23】までの 17 問題のうちから **9 問題を選択**し，解答してください。

問題番号【No.24】から【No.28】までの 5 問題は**必須問題**です。全問題を解答してください。

問題番号【No.29】から【No.38】までの 10 問題のうちから **8 問題を選択**し，解答してください。

問題番号【No.39】から【No.48】までの 10 問題のうちから **8 問題を選択**し，解答してください。

問題番号【No.49】から【No.52】までの 4 問題は施工管理法（基礎的な能力）の問題で，必須問題です。全問題を解答してください。（四肢択二）

以上の結果，全部で 40 問題を解答することになります。
選択問題は，指定数を超えて解答した場合，減点となりますから十分注意してください。

【No.1】 次の指標のうち，室内空気環境と関係のないものはどれか。
- (1) 浮遊物質量（SS）
- (2) 予想平均申告（PMV）
- (3) 揮発性有機化合物（VOCs）濃度
- (4) 気流

【No.2】 室内空気環境に関する記述のうち，適当でないものはどれか。
- (1) 石綿は，天然の繊維状の鉱物で，その粉じんを吸入すると，中皮腫など
の重篤な健康障害を引き起こすおそれがある。
- (2) 空気齢とは，室内のある地点における空気の新鮮さの度合いを示すもの
で，空気齢が大きいほど，その地点での換気効率がよく空気は新鮮であ
る。
- (3) 臭気は，空気汚染を示す指標の一つであり，臭気強度や臭気指数で表
す。
- (4) 二酸化炭素は無色無臭の気体で，「建築物における衛生的環境の確保に
関する法律」における建築物環境衛生管理基準では，室内における許容濃
度は 0.1 %以下とされている。

【No.3】 流体に関する用語の組合せのうち，関係のないものはどれか。
- (1) 粘性係数————————摩擦応力
- (2) パスカルの原理————水圧
- (3) 体積弾性係数————圧縮率
- (4) レイノルズ数————表面張力

【No.4】 伝熱に関する記述のうち，適当でないものはどれか。

(1) 固体壁における熱通過とは，固体壁を挟んだ流体の間の伝熱をいう。

(2) 固体壁における熱伝達とは，固体壁表面とこれに接する流体との間で熱が移動する現象をいう。

(3) 気体は，一般的に，液体や固体と比較して熱伝導率が大きい。

(4) 自然対流とは，流体内のある部分が温められ上昇し，周囲の低温の流体がこれに代わって流入する熱移動現象等をいう。

【No.5】 一般用電気工作物において，「電気工事士法」上，電気工事士資格を有しない者でも従事することができるものはどれか。

(1) 電線管に電線を収める作業

(2) 電線管とボックスを接続する作業

(3) 露出型コンセントを取り換える作業

(4) 接地極を地面に埋設する作業

【No.6】 鉄筋コンクリート造の建築物の鉄筋に関する記述のうち，適当でないものはどれか。

(1) ジャンカ，コールドジョイントは，鉄筋の腐食の原因になりやすい。

(2) コンクリートの引張り強度は小さく，鉄筋の引張り強度は大きい。

(3) あばら筋は，梁のせん断破壊を防止する補強筋である。

(4) 鉄筋のかぶり厚さは，外壁，柱，梁及び基礎で同じ厚さとしなければならない。

選択 問題 No.7 から No.23 までの 17 問題のうちから 9 問題を選択し，解答してください。

【No.7】 空気調和設備の計画に関する記述のうち，省エネルギーの観点から，適当でないものはどれか。

(1) 湿度制御のため，冷房に冷却減湿・再熱方式を採用する。

(2) 予冷・予熱時に外気を取り入れないように制御する。

(3) ユニット形空気調和機に全熱交換器を組み込む。

(4) 成績係数が高い機器を採用する。

【No.8】 下図に示す暖房時の湿り空気線図に関する記述のうち，適当でないものはどれか。ただし，空気調和方式は定風量単一ダクト方式，加湿方式は水噴霧加湿とする。

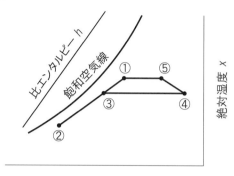

乾球温度 t

(1) 吹出し温度差は①と⑤の乾球温度差である。

(2) コイルの加熱負荷は，③と④の比エンタルピー差から求める。

(3) 加湿量は，④と⑤の相対湿度差から求める。

(4) コイルの加熱温度差は，③と④の乾球温度差である。

【No.9】 熱負荷に関する記述のうち，適当でないものはどれか。

(1) 構造体の熱通過率の値が小さいほど，通過熱負荷は小さくなる。

(2) 冷房負荷計算では，OA機器から発生する顕熱及び潜熱を考慮する必要がある。

(3) 二重サッシ内にブラインドを設置した場合は，室内に設置した場合より日射負荷は小さくなる。

(4) 冷房負荷計算では，ダクト通過熱損失と送風機による熱負荷を考慮する必要がある。

【No.10】 空気清浄装置の記述のうち，適当でないものはどれか。

(1) ろ材の特性の一つとして，粉じん保持容量が小さいことが求められる。

(2) 自動巻取形は，タイマー又は前後の差圧スイッチにより自動的に巻取りが行われる。

(3) 静電式は，比較的微細な粉じん用に使用される。

(4) 圧力損失は，上流側と下流側の圧力差で，初期値と最終値がある。

【No.11】放熱器を室内に設置する直接暖房方式に関する記述のうち，適当でないものはどれか。

(1) 暖房用自然対流・放射形放熱器には，コンベクタ類とラジエータ類がある。

(2) 温水暖房のウォーミングアップにかかる時間は，蒸気暖房に比べて長くなる。

(3) 温水暖房の放熱面積は，蒸気暖房に比べて小さくなる。

(4) 暖房用強制対流形放熱器のファンコンベクタには，ドレンパンは不要である。

【No.12】吸収冷温水機の特徴に関する記述のうち，適当でないものはどれか。

(1) 木質バイオマス燃料の木質ペレットを燃料として使用する機種もある。

(2) 立ち上がり時間は，一般的に，圧縮式冷凍機に比べて短い。

(3) 運転時，冷水と温水を同時に取り出すことができる機種もある。

(4) 二重効用吸収冷温水機は，一般的に，取扱いにボイラー技士を必要としない。

【No.13】換気設備に関する記述のうち，適当でないものはどれか。

(1) 発電機室の換気は，第1種機械換気方式とする。

(2) 無窓の居室の換気は，第1種機械換気方式とする。

(3) 便所の換気は，居室の換気系統にまとめる。

(4) 駐車場の換気は，誘引誘導換気方式とする。

【No.14】換気設備に関する記述のうち，適当でないものはどれか。

(1) 汚染度の高い室を換気する場合の室圧は，周囲の室より高くする。

(2) 汚染源が固定していない室は，全体空気の入替えを行う全般換気とする。

(3) 排気フードは，できるだけ汚染源に近接し，汚染源を囲むように設ける。

(4) 排風機は，できるだけダクト系の末端に設け，ダクト内を負圧にする。

【No.15】給水装置（最終の止水機構の流出側に設置されている給水用具を除く。）の耐圧性能試験の「静水圧」と「保持時間」の組合せのうち，適当なものはどれか。

　　　　（静水圧）　　　（保持時間）
(1) 1.75 MPa ────── 30 秒間
(2) 1.75 MPa ────── 1 分間
(3) 0.75 MPa ────── 1 分間
(4) 0.75 MPa ────── 5 分間

【No.16】下水道に関する記述のうち，適当でないものはどれか。
(1) 管きょの断面は，円形又は矩形を標準とし，小規模下水道では円形又は卵形を標準とする。
(2) 分流式の汚水だけを流す場合は，必ず暗きょとする。
(3) 管きょの流速が小さければ，管きょ底部に汚物が沈殿しにくくなる。
(4) 公共下水道の排除方式は，原則として，分流式とする。

【No.17】給水設備に関する記述のうち，適当でないものはどれか。
(1) 節水こま組込みの節水型給水栓は，流し洗いの場合，無意識に節水することができる。
(2) 給水管の分岐は，上向き給水の場合は上取出し，下向き給水の場合は下取出しとする。
(3) 飲料用給水タンクのオーバーフロー管には，排水トラップを設けてはならない。
(4) 高置タンク方式は，他の給水方式に比べ，給水圧力の変動が大きい。

【No.18】給湯設備に関する記述のうち，適当でないものはどれか。
(1) 給湯管に使用される架橋ポリエチレン管の線膨張係数は，銅管の線膨張係数に比べて小さい。
(2) 湯沸室の給茶用の給湯には，一般的に，局所式給湯設備が採用される。
(3) ホテル，病院等の給湯使用量の大きな建物には，中央式給湯設備が採用されることが多い。
(4) 給湯配管で上向き供給方式の場合，給湯管は先上がり，返湯管は先下がりとする。

【No.19】 通気設備に関する記述のうち，適当でないものはどれか。

(1) 排水横枝管から立ち上げたループ通気管は，通気立て管又は伸頂通気管に接続する。

(2) 大便器の器具排水管は，湿り通気管として利用してよい。

(3) 通気立て管の上端は，単独で大気中に開口してよい。

(4) 通気管は，排水系統内の空気の流れを円滑にするために設ける。

【No.20】 器具排水負荷単位法による排水管の管径の算定に関係のないものはどれか。

(1) 器具排水負荷単位数

(2) ブランチ間隔

(3) 配管材質

(4) 勾配

【No.21】 屋内消火栓設備において，ポンプの仕様の決定に関係のないものはどれか。

(1) 実揚程

(2) 消防用ホースの摩擦損失水頭

(3) 屋内消火栓の同時開口数

(4) 水源の容量

【No.22】 ガス設備に関する記述のうち，適当でないものはどれか。

(1) 液化石油ガスは，空気中に漏えいすると低いところに滞留しやすい。

(2) 液化石油ガスは，主成分である炭化水素由来の臭気により，ガス漏れを感知できる。

(3) 一般家庭用のガスメーターは，原則として，マイコンメーターとする。

(4) 液化天然ガスは，石炭や石油に比べ，燃焼時の二酸化炭素の発生量が少ない。

【No.23】 FRP製浄化槽の施工に関する記述のうち，適当でないものはどれか。

(1) 槽が2槽に分かれる場合においても，基礎は一体の共通基礎とする。

(2) ブロワーは，隣家や寝室等から離れた場所に設置する。

(3) 通気管を設ける場合は，先下り勾配とする。

(4) 腐食が激しい箇所のマンホールふたは，プラスチック製等としてよい。

【No.24】 給湯設備の機器に関する記述のうち，適当でないものはどれか。

(1) 小型貫流ボイラーは，保有水量が少ないため，起動時間が短く，負荷変動への追従性がよい。

(2) 空気熱源ヒートポンプ給湯機は，大気中の熱エネルギーを給湯の加熱に利用するものである。

(3) 真空式温水発生機は，本体に封入されている熱媒水の補給が必要である。

(4) 密閉式ガス湯沸器は，燃焼空気を室内から取り入れ，燃焼ガスを直接屋外に排出するものである。

【No.25】 設備機器に関する記述のうち，適当でないものはどれか。

(1) 遠心ポンプでは，一般的に，吐出量が増加したときは全揚程も増加する。

(2) 飲料用受水タンクには，鋼板製，ステンレス製，プラスチック製及び木製のものがある。

(3) 軸流送風機は，構造的に小型で低圧力，大風量に適した送風機である。

(4) 吸収冷温水機は，ボイラーと冷凍機の両方を設置する場合に比べ，設置面積が小さい。

【No.26】 配管材料に関する記述のうち，適当でないものはどれか。

(1) 排水・通気用耐火二層管は，防火区画貫通部 1 時間遮炎性能の規定に適合する。

(2) 水道用硬質ポリ塩化ビニル管の種類には，VP と HIVP（耐衝撃性）がある。

(3) 水道用ポリエチレン二層管の種類には，1 種，2 種，3 種がある。

(4) 排水用リサイクル硬質ポリ塩化ビニル管（REP-VU）は，屋内排水用の塩化ビニル管である。

【No.27】ダクト及びダクト附属品に関する記述のうち，適当でないものはどれか。

(1) 案内羽根（ガイドベーン）は，直角エルボ等に設け，圧力損失を低減する。

(2) 軸流吹出口の種類には，ノズル形，パンカルーバー形，グリル形等がある。

(3) 吸込口が居住区域内の座席に近い位置にある場合は，有効開口面風速を2.0～3.0 m/s とする。

(4) シーリングディフューザー形吹出口は，室内空気を誘引する効果が小さく，拡散半径が小さい。

【No.28】「設備機器」と，その仕様として設計図書に「記載する項目」の組合せのうち，適当でないものはどれか。

　　　　（設備機器）　　　　　　　　（記載する項目）

(1) ボイラー ——————————— 定格出力

(2) 給湯用循環ポンプ ————— 循環水量

(3) 吸収冷温水機 ——————— 圧縮機容量

(4) ファンコイルユニット——— 型番

選択 問題番号 No.29 から No.38 までの 10 問題のうちから 8 問題を選択し，解答してください。

【No.29】公共工事における施工計画等に関する記述のうち，適当でないものはどれか。

(1) 受注者は，総合施工計画書及び工種別の施工計画書を監督員に提出する。

(2) 発注者は，現場代理人の工事現場への常駐義務を一定の要件のもとに緩和できる。

(3) 設計図面と標準仕様書の内容に相違がある場合は，標準仕様書の内容が優先される。

(4) 受注者は，設計図書の内容や現場の納まりに疑義が生じた場合，監督員と協議する。

【No.30】下図に示すネットワーク工程表において，クリティカルパスの所要日数として，適当なものはどれか。

　　ただし，図中のイベント間のA〜Hは作業内容，日数は作業日数を表す。

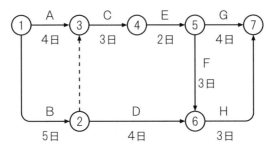

(1)　12 日
(2)　13 日
(3)　15 日
(4)　16 日

【No.31】品質を確認するための検査に関する記述のうち，適当でないものはどれか。
(1)　防火ダンパーの温度ヒューズの作動は，全数検査で確認する。
(2)　給水配管の水圧試験は，全数検査で確認する。
(3)　ボイラーの安全弁の作動は，全数検査で確認する。
(4)　防火区画の穴埋めは，全数検査で確認する。

【No.32】建設工事における安全管理に関する記述のうち，適当でないものはどれか。
(1)　ツールボックスミーティングは，作業開始前だけでなく，必要に応じて，昼食後の作業再開時や作業切替え時に行われることもある。
(2)　ツールボックスミーティングでは，当該作業における安全等について，短時間の話し合いが行われる。
(3)　既設汚水ピット内で作業を行う際は，酸素濃度のほか，硫化水素濃度も確認する。
(4)　既設汚水ピット内で作業を行う際は，酸素濃度が15％以上であることを確認する。

【No.33】機器の据付けに関する記述のうち，適当でないものはどれか。

(1) パッケージ形空気調和機の屋外機の騒音対策には，防音壁の設置等がある。

(2) 遠心送風機の心出し調整は，製造者が出荷前に行うこととし，据付け時には行わない。

(3) 床置き形のパッケージ形空気調和機の基礎の高さは，150 mm 程度とする。

(4) 縦横比の大きい自立機器への頂部支持材の取付けは，原則として，2箇所以上とする。

【No.34】配管及び配管附属品の施工に関する記述のうち，適当でないものはどれか。

(1) 給水立て管から各階への分岐管には，分岐点に近接した部分に止水弁を設ける。

(2) 雑排水用に配管用炭素鋼鋼管を使用する場合は，ねじ込み式鋼管製管継手で接続する。

(3) パイプカッターは，管径が小さい銅管やステンレス鋼管の切断に使用される。

(4) 地中で給水管と排水管を交差させる場合は，給水管を排水管より上方に埋設する。

【No.35】ダクト及びダクト附属品の施工に関する記述のうち，適当でないものはどれか。

(1) 保温するダクトが防火区画を貫通する場合，貫通部の保温材はロックウール保温材とする。

(2) 送風機の接続ダクトに取り付ける風量測定口は，送風機の吐出し口の直近に取り付ける。

(3) フレキシブルダクトは，吹出口ボックス及び吸込口ボックスの接続用に使用してもよい。

(4) 共板フランジ工法ダクトの施工において，クリップ等のフランジ押え金具は再使用しない。

【No.36】保温，保冷，塗装等に関する記述のうち，適当でないものはどれか。

(1) アルミニウムペイントは，蒸気管や放熱器の塗装には使用しない。

(2) 天井内に隠ぺいされる冷温水配管の保温は，水圧試験後に行う。

(3) 冷温水配管の吊りバンドの支持部には，合成樹脂製の支持受けを使用する。

(4) 塗装場所の相対湿度が85％以上の場合，原則として，塗装を行わない。

【No.37】「機器又は配管」とその「試験方法」の組合せのうち，適当でないものはどれか。

　　　（機器又は配管）　　　　　（試験方法）

(1) 建物内排水管 ───────── 通水試験

(2) 敷地排水管 ───────── 通水試験

(3) 浄化槽 ───────────── 満水試験

(4) 排水ポンプ吐出し管 ─── 満水試験

【No.38】渦巻きポンプの試運転調整に関する記述のうち，適当でないものはどれか。

(1) 膨張タンク等から注水して，機器及び配管系の空気抜きを行う。

(2) 吸込み側の弁を全閉から徐々に開いて吐水量を調整する。

(3) グランドパッキン部から一定量の水滴の滴下があることを確認する。

(4) 軸受温度が周囲空気温度より過度に高くなっていないことを確認する。

選択 問題番号 No.39 から No.48 までの 10 問題のうちから 8 問題を選択し，解答してください。

【No.39】建設業における安全衛生管理に関する記述のうち，「労働安全衛生法」上，誤っているものはどれか。

(1) 事業者は，常時5人以上60人未満の労働者を使用する事業場ごとに，安全衛生推進者を選任しなければならない。

(2) 事業者は，労働者を雇い入れたときは，当該労働者に対し，その従事する業務に関する安全又は衛生のための教育を行わなければならない。

(3) 事業者は，移動はしごを使用する場合，はしごの幅は30cm以上のものでなければ使用してはならない。

(4)　事業者は，移動はしごを使用する場合，すべり止め装置の取付けその他転位を防止するために必要な措置を講じたものでなければ使用してはならない。

【No.40】未成年者の労働契約に関する記述のうち，「労働基準法」上，誤っているものはどれか。
(1)　親権者又は後見人は，未成年者に代って労働契約を締結してはならない。
(2)　未成年者は，独立して賃金を請求することができる。
(3)　親権者又は後見人は，未成年者の同意を得れば，未成年者の賃金を代って受け取ることができる。
(4)　使用者は，原則として，満18才に満たない者を午後10時から午前5時までの間において使用してはならない。

【No.41】建築物に関する記述のうち，「建築基準法」上，誤っているものはどれか。
(1)　最下階の床は，主要構造部である。
(2)　屋根は，主要構造部である。
(3)　集会場は，特殊建築物である。
(4)　共同住宅は，特殊建築物である。

【No.42】建築設備に関する記述のうち，「建築基準法」上，誤っているものはどれか。
(1)　排水のための配管設備の末端は，公共下水道，都市下水路その他の排水施設に排水上有効に連結しなければならない。
(2)　排水管を構造耐力上主要な部分を貫通して配管する場合，建築物の構造耐力上支障を生じないようにしなければならない。
(3)　給水管をコンクリートに埋設する場合，腐食するおそれのある部分には，その材質に応じ有効な腐食防止のための措置を講じなければならない。
(4)　雨水排水立て管は，通気管と兼用し，又は通気管に連結することができる。

【No.43】建設業の許可を受けた建設業者が，発注者から直接請け負った建設工事の現場に掲げる標識の記載事項として，「建設業法」上，定められていないものはどれか。

(1) 商号又は名称

(2) 現場代理人の氏名

(3) 主任技術者又は監理技術者の氏名

(4) 一般建設業又は特定建設業の別

【No.44】建設業に関する記述のうち，「建設業法」上，誤っているものはどれか。

(1) 元請負人は，その請け負った建設工事を施工するために必要な工程の細目，作業方法を定めようとするときは，あらかじめ，下請負人の意見をきかなければならない。

(2) 建設業者は，建設工事の注文者から請求があったときは，請負契約の成立後，速やかに建設工事の見積書を交付しなければならない。

(3) 工事現場における建設工事の施工に従事する者は，主任技術者又は監理技術者がその職務として行う指導に従わなければならない。

(4) 建設業者は，共同住宅を新築する建設工事を請け負った場合，いかなる方法をもってするかを問わず，一括して他人に請け負わせてはならない。

【No.45】屋内消火栓設備を設置しなければならない防火対象物に，「消防法」上，該当するものはどれか。

ただし，主要構造部は耐火構造とし，かつ，壁及び天井の室内に面する部分の仕上げは難燃材料でした防火対象物とする。また，地階，無窓階及び指定可燃物の貯蔵，取扱いはないものとする。

(1) 事務所 ──────── 地上3階，延べ面積2,000 m²

(2) 共同住宅 ─────── 地上3階，延べ面積2,000 m²

(3) 集会場 ──────── 地上2階，延べ面積2,000 m²

(4) 学校 ───────── 地上2階，延べ面積2,000 m²

【No.46】 次の建設資材のうち，「建設工事に係る資材の再資源化等に関する法律」上，再資源化が特に必要とされる特定建設資材に該当しないものはどれか。

(1) 木材
(2) アスファルト・コンクリート
(3) コンクリート
(4) アルミニウム

【No.47】 次の「測定項目」と「法律」の組合せのうち，その法律に当該測定項目の規制値が定められていないものはどれか。

　　　　　（測定項目）　　　　　　　　（法律）
(1) 騒音値 ————————— 建築物における衛生的環境の確保に関する法律
(2) 水素イオン濃度 ———— 水質汚濁防止法
(3) 生物化学的酸素要求量 — 浄化槽法
(4) いおう酸化物の量 ——— 大気汚染防止法

【No.48】 廃棄物の処理に関する記述のうち，「廃棄物の処理及び清掃に関する法律」上，誤っているものはどれか。

(1) 建設工事の現場事務所から排出される生ゴミ，新聞，雑誌等は，産業廃棄物として処理しなければならない。
(2) 一般廃棄物の処理は市町村が行い，産業廃棄物の処理は事業者が自ら行わなければならない。
(3) 事業者は，処分受託者から，最終処分が終了した旨を記載した産業廃棄物管理票の写しの送付を受けたときは，当該管理票の写しを，送付を受けた日から5年間保存しなければならない。
(4) 建築物の改築に伴い廃棄する蛍光灯の安定器にポリ塩化ビフェニルが含まれている場合，特別管理産業廃棄物として処理しなければならない。

※ 問題 No.49 から No.52 までの問題の正解は，1問について二つです。正解と思われる数字を二つ選択してください。
1問について，一つだけ選択したものや，三つ以上選択したものは，正解となりません。

必須 問題番号 No.49 から No.52 までの4問題は必須問題です。全問題を解答してください。

【No.49】工程表に関する記述のうち，適当でないものはどれか。
適当でないものは二つあるので，二つとも答えなさい。
(1) ネットワーク工程表は，各作業の現時点における進行状態が達成度により把握できる。
(2) バーチャート工程表は，ネットワーク工程表に比べて，各作業の遅れへの対策が立てにくい。
(3) 毎日の予定出来高が一定の場合，バーチャート工程表上の予定進度曲線はS字形となる。
(4) ガントチャート工程表は，各作業の変更が他の作業に及ぼす影響が不明という欠点がある。

【No.50】機器の据付けに関する記述のうち，適当でないものはどれか。
適当でないものは二つあるので，二つとも答えなさい。
(1) 遠心送風機の据付け時の調整において，Vベルトの張りが強すぎると，軸受の過熱の原因になる。
(2) 呼び番号3の天吊りの遠心送風機は，形鋼製の架台上に据え付け，架台はスラブから吊りボルトで吊る。
(3) 冷却塔は，補給水口の高さが補給水タンクの低水位から2m以内となるように据え付ける。
(4) 埋込式アンカーボルトの中心とコンクリート基礎の端部の間隔は，一般的に，150mm以上を目安としてよい。

【No.51】配管及び配管附属品の施工に関する記述のうち，適当でないものはどれか。適当でないものは二つあるので，二つとも答えなさい。

(1) 給湯用の横引き配管には，勾配を設け，管内に発生した気泡を排出する。

(2) 土中埋設の汚水排水管に雨水管を接続する場合は，ドロップ桝を介して接続する。

(3) 銅管を鋼製金物で支持する場合は，ゴム等の絶縁材を介して支持する。

(4) 揚水管のウォーターハンマーを防止するためには，ポンプ吐出側に防振継手を設ける。

【No.52】ダクト及びダクト附属品の施工に関する記述のうち，適当でないものはどれか。適当でないものは二つあるので，二つとも答えなさい。

(1) 厨房排気ダクトの防火ダンパーでは，温度ヒューズの作動温度は72℃とする。

(2) ダクトからの振動伝播を防ぐ必要がある場合は，ダクトの吊りは防振吊りとする。

(3) 長方形ダクトの断面のアスペクト比（長辺と短辺の比）は，原則として，4以下とする。

(4) アングルフランジ工法ダクトのフランジは，ダクト本体を成型加工したものである。

第一次検定　模擬試験解答・解説

【No.1】 解答 (1)

(1) 浮遊物質量（SS）は，粒径2mm以下の水に溶けない懸濁性の物質（液体中に固体の微粒子が分散した状態）のことをいう。水の汚濁度を視覚的に判断する指標として使用され，全蒸発残留物から溶解性残留物を除いたものといえる。したがって，室内空気環境とは関係しないため，(1)は適当でない。

(2) 予想平均申告（PMV）とは，大多数の人が感ずる温冷感を+3から−3までの数値で示すもので，人体と環境との熱交換量に基づいて熱的中立温度を予測し，その条件での人体の温冷感を数値で示したもので，快適な状態を基準0として暑い+3から寒い−3までの7段階で示す。したがって，室内空気環境と関係する。

(3) 揮発性有機化合物（VOCs）濃度は，ホルマリンが気化したものであり，シックハウス症候群の原因物質とされ，建築材料からの飛散または発散による衛生上の支障を生ずるおそれのある物質として規制対象となっている。居室における空気中のホルムアルデヒドの量が $0.1\,mg/m^3$（0.08ppm 以下になるように維持管理基準が規定されている。したがって，室内空気環境に関係する。

(4) 気流は，中央管理方式の空気調和設備の室内環境基準で，0.5m/S と規定されている。したがって，室内空気環境に関係する。

【No.2】 解答 (2)

(2) 空気齢とは，ある地点へ給気口からの新鮮外気が到達する時間のことです。年齢と同じで生まれたばかりのときが，新鮮度100%である。空気齢が大きいほど，その地点での換気効率が悪く空気は新鮮でなくなる。したがって，(2)は適当でない。

(1) 石綿は，天然の繊維状の鉱物で，その粉じんを吸入すると，体外に出ず，中皮腫などの重篤な健康障害を引き起こすおそれがある。したがって，(1)は適当である。

(3) 臭気は，空気汚染を示す指標の一つであり，臭気強度や臭気指数で表す。臭気の原因としては，人，喫煙，調理によるものがあり，室内の換気が不十分であれば，不快感をもよおし頭痛や吐き気の原因となる。ヤグローの研究で代表的なものとして臭気強度があり，指数により段階で示している。臭気指数で表されている。臭気は炭酸ガスの量と同じように空気汚染度を知る指

標とされている。したがって，(3)は適当である。

(4) 二酸化炭素は無色無臭の気体で，「建築物における衛生的環境の確保に関する法律」における建築物環境衛生管理基準では，室内における許容濃度は0.1％以下とされている。密度は空気より約1.5倍大きい。空気より重たい気体である。在室者の呼吸によって増加する。したがって，(4)は適当である。

【No.3】 解答(4)

(4)　　レイノルズ数 ──── 粘性力

慣性力と粘性力の比で層流と乱流の判定に用いるものである。

レイノルズ数 R_e は，$R_e \leqq 2{,}000$ では層流，$R_e \geqq 4{,}000$ では乱流になる。表面張力は，液体や固体が，表面をできるだけ小さくしようとする性質のことで，界面張力の一種である。分子間の引力によって液体の表面に働く。表面積を小さくしようとする力である。したがって，(4)は適当でない。

(1) 粘性係数は，流体の種類とその温度によって変わり，水の粘性係数は空気の粘性係数より大きく，摩擦応力は，粘性係数×速度勾配（流速の変化／距離の変化）に比例する。したがって，(1)は適当である。

(2) パスカルの原理とは，密閉容器の中の流体は，その容器の形に関係なく，ある一点に受けた単位面積当たりの圧力をそのままの強さで，流体の他の全ての部分に伝える。水圧は，水が他の物体や水自体に及ぼす圧力。静止している水では，内部に任意の面を考えると，水圧は常にその面に垂直に働き，面の単位面積当たりの水圧は面の方向に関係なくその位置だけで決まる。つまり水中のある一点では水圧は上下左右あらゆる方向に同じ強さで働く。静止した水の圧力については，パスカルの原理が成り立つ。したがって，(2)は適当である。

(3) 圧力変化によって体積変化する性質を圧縮率といいます。体積弾性係数は大きいほど体積変化がしにくいことを表します。また，体積変化のしやすさを表すのが圧縮率である。これは体積弾性係数の逆数になります。したがって，(3)は適当である。

【No.4】 解答(3)

(3) 気体は，一般的に，液体や固体と比較して熱伝導率が小さい。気体，液体，固体の順で大きくなります。したがって，(3)は適当でない。

(1) 固体壁における熱通過とは，固体の両側の流体温度が異なるとき，高温側

から低温側へ熱が通過する現象で，熱伝達→熱伝導→熱伝達の3過程をとる。
したがって，(1)は適当である。

(2) 固体壁における熱伝達とは，固体壁表面とこれに接する流体との間で熱が
移動する現象をいう。したがって，(2)は適当である。

(4) 自然対流とは，流体内のある部分が温められて上昇し，周囲の低温の流体
がこれに代わって流入する熱移動現象等をいう。したがって，(4)は適当で
ある。

【No.5】 解答 (3)

(3) 露出型コンセントを取り換える作業は，電気工事士資格を有しない者でも
従事することができる。したがって，(3)は適当である。

【No.6】 解答 (4)

(4) 鉄筋のかぶり厚さは，外壁，柱，梁及び基礎では，それぞれ厚さが違う。
また，厳しい環境にある地中の場合は，厚さは大きくなる。
したがって，(4)は適当でない。

【No.7】 解答 (1)

(1) 省エネの観点から考えた場合，冷却減湿方式，再熱方式共に，必要以上に
冷やし，その後に暖めることを行うために，通常の冷房運転以上にエネル
ギーを使う。
したがって，(1)は適当でない。

(2) 予冷・予熱時に外気を取り入れないように制御するのは，外気負荷を削減
するためである。したがって，(2)は適当である。

(3) 全熱交換器を組み込むことにより，排気と取入れ外気の全熱量の65～
75％が回収できる。したがって，(3)は適当である。

(4) 成績係数（COP）が高い製品は省エネ効果が高い。したがって，(4)は適
当である。

【No.8】 解答 (3)

(3) 加湿量は，④と⑤の絶対湿度差と送風量の積から求める。
したがって，(3)は適当でない。

(1) 吹出し温度差は，①と⑤の乾球温度差である。したがって，(1)は適当で
ある。

(2) コイルの加熱負荷は，③ と ④ の比エンタルピー差から求める。
したがって，(2)は適当である。

(4) コイルの加熱温度差は，③ と ④ の乾球温度差である。したがって，(4)は適当である。

【No.9】解答(2)

(2) 冷房負荷計算では，OA機器から発生する顕熱を考慮する。潜熱は発生しないため，考慮しない。したがって，(2)は適当でない。

(1) 構造体の熱通過率の値が小さいほど，通過熱負荷は小さくなる。したがって，(1)は適当である。

(3) 二重サッシ内にブラインドを設置した場合は，室内に設置した場合より，日射負荷は小さくなる。したがって，(3)は適当である。

(4) 冷房負荷計算では，ダクト通過熱損失と送風機による熱負荷を考慮する必要がある。
したがって，(4)は適当である。

【No.10】解答(1)

(1) ろ材の特性の一つとして，粉じん保持容量が大きいことが求められる。
したがって，(1)は適当でない。

(2) 自動巻取形は，タイマー又は前後の差圧スイッチにより自動的に巻取りが行われる。ロール状にしたろ材をモーターで自動的に巻き取らせるもので，ケーシング，ろ材及び自動更新機構により構成される。したがって(2)は適当である。

(3) 空気中のじんあいに高電圧を与えて帯電させ，電極版に吸着させて捕集するもので，$1\,\mu m$ 以下の粒子が捕集でき，捕集率は $1.0\,\mu m$ から $0.5\,\mu m$ の粒子に対して 90 % 以上のものが多く，病院や精密機械室などに使用される。したがって，(3)は適当である。

(4) 空気清浄装置の圧力損失は，上流側と下流側の圧力差で，（入口と出口の全圧差）初期値と最終値がある。したがって，(4)は適当である。

【No.11】解答(3)

(3) 温水暖房の放熱面積は，蒸気暖房に比べて大きくなる。
したがって，(3)の記述は適当でない。

(1) 暖房用自然対流・放射形放熱器には，コンベクタ類とラジエータ類がある。コンベクタは，管とフィンからなるエレメント（熱交換部）を，対流作用を促進させるためのケーシング内に納めたもので，主として自然対流によって放熱する形式のもの。ベースボードヒータは，管とフィンからなるエレメントと，これを保護するためのカバーとからなり，室内壁面下部の幅木部分に沿って取り付けて放熱する形式のもの。

ラジエータ類パネルラジエータは次のようなエレメントの形状のもので，室内に露出する表面板そのものが熱交換部を形成し，自然対流及び放射の双方によって放熱する形式のもの。

    a) パネル形一枚又は複数の一体形されたパネル状のエレメントで構成されるもの。

    b) 柵形，格子形内部を熱媒が通るようにした，さく状又は格子状のエレメントで構成されるもの。

    c) フィンチューブ形管とフィンからなるエレメントで構成されるもの。

    d) 複合形上記の各形状を組み合わせたもの。

      セクショナルラジエータ　節状のエレメントを組み合わせて一体にしたもので，自然対流及び放射の双方によって放熱する形式のもの。

(2) 温水暖房のウォーミングアップにかかる時間は，蒸気暖房に比べて長くなる。

装置の熱容量が大きいため，予熱時間が長く燃料消費量も多い。水のためすぐには冷めない。

(4) 暖房用強制対流形放熱器のファンコンベクタには，ドレンは発生しないため，ドレンパンは不要である。ファンコンベクターとは，温水暖房は温水（温めた不凍液）を循環させ，その温まった空気を室内にファンで送り出すものです。

室内で火を使わず，屋外に設置したボイラーにて不凍液を暖めるために室内に排気が出て来ないのが特徴です。

また乾燥し過ぎや結露も発生しにくい特徴があります。

室内にある空気を温めて循環させるだけなので匂いも気になりません。

室内置きのタンク式ストーブとは違い，屋外タンクからの自動給油になりますので油切れしてタンクを持って移動する手間もありません。

※屋外タンクには給油が必要になります。

したがって，(4)は適当である。

【No.12】 解答 ⑵

⑵ 吸収冷温水機の立ち上がり時間は，一般的に定格能力が出るまでの時間が長い。

したがって，⑵は適当でない。

⑴ 「蒸発」・「吸収」・「再生」・「凝縮」の4つ作用を経て，冷房する機器である。特定フロンや代替フロンを使用せず，「水」を冷媒とした環境にやさしい空調システムである。

また，吸収式は，多様な熱エネルギーを利用できるため，ガスコージェネレーションシステム（ガスコージェネ）の廃熱を利用して空調を行うジェネリンクというものもあり，さらなる省エネ・省 CO_2 を実現する。

吸収冷温水機／冷凍機は，ナチュラルチラーとも呼ばれている。

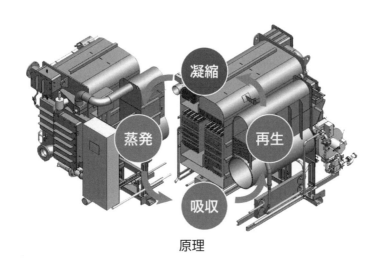

原理

※川重冷熱工業（株）のホームページより許可を得て掲載。

（⑴の解説・図　次頁の解説・図を含む）

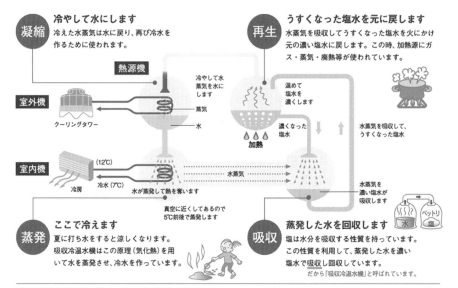

| 凝縮 | 冷やして水にします
冷えた水蒸気は水に戻り、再び冷水を作るために使われます。 |
| 再生 | うすくなった塩水を元に戻します
水蒸気を吸収してうすくなった塩水を火にかけ元の濃い塩水に戻します。この時、加熱源にガス・蒸気・廃熱等が使われています。 |

熱源機

室外機　クーリングタワー

冷やして水蒸気を水にします　蒸気　水

温めて塩水を濃くします

濃くなった塩水　加熱

水蒸気を吸収して、うすくなった塩水

室内機　(12℃)

冷房　冷水(7℃)　水蒸気

水が蒸発して熱を奪います

真空に近くしてあるので5℃前後で蒸発します

水蒸気を濃い塩水が吸収します

| 蒸発 | ここで冷えます
夏に打ち水をすると涼しくなります。吸収冷温水機はこの原理（気化熱）を用いて水を蒸発させ、冷水を作っています。 |
| 吸収 | 蒸発した水を回収します
塩は水分を吸収する性質を持っています。この性質を利用して、蒸発した水を濃い塩水で吸収し回収しています。
だから「吸収冷温水機」と呼ばれています。 |

水　ペットリ塩

※実際には塩水によく似た性質を持つ臭化リチウム液を用いています。

吸収冷温水機と吸収冷凍機の違い

　吸収冷温水機はその名の通り，冷水と温水を発生させる。吸収冷凍機は，冷水のみを発生させるものを指す。

　冷やす原理に，違いはない。

　木質バイオマス燃料の木質ペレットを燃料として使用する機種もある。

(3) 運転時，冷水と温水を同時に取り出すことができる機種もある。

(4) 二重効用吸収冷温水機は，単効用より蒸気消費量が 50〜60 ％程度少なくなる。高圧蒸気により高圧再生器を加熱し，高温再生器で発生した冷媒水蒸気をさらに低温再生器の加熱に用いている。二重効用吸収冷凍機は，単効用吸収冷凍機に比べて蒸気消費量が少なく，成績係数も高い。

　一般的に，取扱いにボイラー技士を必要としない。

　したがって，(4)は適当である。

【No.13】 解答(3)

(3) 便所の換気は，単独で換気する。居室の換気系統と別にする。

　したがって，(3)は適当でない。

(1) 発電機室の換気は，第 1 種機械換気方式とする。熱源機械室の換気は，確実に換気効果がある第 1 種機械換気方式とする。

　したがって，(1)は適当である。

(2) 無窓の居室の換気は，第1種機械換気方式とする。
したがって，(2)は適当である。

(4) 駐車場の換気は，誘引誘導換気方式とする。誘引ファンにより吹出しノズルから高速で空気を吹出し，周囲の空気を誘引して気流をつくり，空気の移送や撹拌を行い均一な空調・換気を行う。施工性に優れ，イニシャルコスト・ランニングコストが低減できる。省エネでありダクトスペースの節約ができる。吹出口風量の約20倍の周辺空気を誘引し，大きな空気の流れを作る。したがって，(4)は適当である。

【No.14】 解答(1)

(1) 汚染度の高い室を換気する場合の室圧は，周囲の室より低くし，拡散しないように負圧にする。したがって，(1)は適当でない。

(2) 汚染源が固定していない室は，全体空気の入替えを行う全般換気とする。したがって，(2)は適当である。

(3) 排気フードは，できるだけ汚染源に近接し，汚染源を囲むように設ける。したがって，(3)は適当である。

(4) 排風機は，できるだけダクト系の末端に設け，ダクト内を負圧にする。したがって，「ダクト内の空気が漏れないように負圧にする」(4)は適当である。

【No.15】 解答(2)

(2) 給水装置の耐圧性能試験の「静水圧」は，1.75 MPa であり，保持時間は，「1分間」である。したがって，(2)の組み合わせが正しい。

【No.16】 解答(3)

(3) 管きょの流速が小さいと，管きょ底部に汚物が沈殿するため，沈殿しないだけの流速にする必要がある。汚水管きょは，0.6～3.0 m/s である。したがって，(3)は適当でない。

(1) 管きょの断面は，円形又は矩形を標準とし，小規模下水道では円形又は卵形を標準とする。したがって，(1)は適当である。

(2) 分流式の汚水だけを流す場合は，必ず暗きょとする。「臭いが拡散しないように，暗きょにする。」したがって，(2)は適当である。

(4) 公共下水道の排除方式は，原則，分流式として，公共用水域の汚濁防止に効果がある。したがって，(4)は適当である。

【No.17】 解答(4)

(4) 高置タンク方式は，給水圧力の変化は，ほとんど一定である。
　　したがって，(4)は適当でない。

(1) 節水こま組込みの節水型給水栓は，流し洗いの場合，無意識に節水することができる。したがって，(1)は適当である。

(2) 給水管の分岐は，上向き給水の場合は上取出し，下向き給水の場合は下取出しとする。したがって，(2)は適当である。

(3) 飲料用給水タンクのオーバーフロー管には，排水トラップを設けてはならない。
　　これは，管端は間接排水として，吐水口空間を設け，防虫網を設ける。
　　したがって，(3)は適当である。

【No.18】 解答(1)

(1) 架橋ポリエチレン管の線膨張係数は，銅管の線膨張係数に比べて大きい。
　　したがって，(1)は適当でない。

(2) 湯沸室の給茶用の給湯には，一般的に，局所式給湯設備が採用される。
　　したがって，(2)は適当である。

(3) ホテル，病院等の給湯使用量の大きな建物には，中央式給湯設備が採用されることが多い。したがって，(3)は適当である。

(4) 給湯配管で上向き供給方式の場合，給湯管は先上がり，返湯管は先下がりとする。
　　したがって，(4)は適当である。

【No.19】 解答(2)

(2) 大便器の器具排水管は，湿り通気管として利用してはならない。器具排水管と通気管を兼用とした湿り通気とする場合は，流水時にも通気機能を保持するため，通気管としての負荷流量は，通常の排水管の場合の 1/2 とする。なお，大便器からの排水は，湿り通気管に接続しない。（これは，汚物を流すため通気機能が阻害されるためである。）
　　（湿り通気管とは，2個以上のトラップを保護するため，器具排水管と通気管を兼用する部分をいう。）したがって，(2)は適当でない。

(1) 排水横枝管から立ち上げたループ通気管は，通気立て管又は伸頂通気管に接続する。したがって，(1)は適当である。

(3) 通気立て管の上端は，単独で大気中に開口してよい。したがって，(3)は適

当である。

(4) 通気管は，排水系統内の空気の流れを円滑にするために設ける。
したがって，(4)は適当である。

配管の中を排水が流れると，配管の中の空気が押し出されます。もしくは，空気が押し出された分，排水が通った後に空気が引っ張られます（サイホン作用という）。

この空気の動きに対応するために通気配管があります。もし，まったく通気配管がなければ，簡潔に言うと「**排水の流れがすこぶる悪くなる**」ということ。通気配管にはいくつか方式があります。新築にしても改修にしても，多く採用されているのは「**伸長通気方式**」と「**ループ通気方式**」です。その他によく配管するのは，汚水槽や雑排槽の「**槽通気**」。

【No.20】 解答(3)

(3) 配管材質は，器具排水負荷単位法による排水管の管径の算定に，関係が無いものである。したがって，(3)は適当でない。

器具排水負荷単位による方法とは，器具の最大排水時の流量を，標準器具（洗面器）の最大排水時における流量で割ったものを器具単位とし，これを器具の同時使用率などを考慮して相対的な単位で表したものである。

器具排水負荷単位法による管径決定の手順は，以下のとおり。

① 器具ごとに，器具排水負荷単位を求める。

② 各区間の器具排水負荷単位数を累計する。

③ 排水横枝管および排水立管の管径を表より選定する。

④ 排水横主管，敷地排水管の管径は，表より選定する。その際の配管勾配は，表より適切な数値を選定する。

⑤ ポンプから吐出された排水横主管に接続する場合は，表から器具排水負荷単位に換算して管径を決める。

⑥ 選定した管径が，前項の「排水管径決定の基本原則」に示されている最小口径に適合しているか確認する。

⑦ もし，不適合の場合は，配管サイズをアップするなどの修正作業を行い，すべての条件を適合させる。

したがって，器具排水負荷単位数，ブランチ間隔，勾配は算定に関係する。

【No.21】 解答(4)

(4) 水源の容量は，ポンプの仕様の決定には関係しない。

したがって，(4)は関係のないものである。

実揚程，消防用ホースの摩擦損失水頭，屋内消火栓の同時開口数は，関係する。

【No.22】 解答 (2)

(2) LP ガスは常温・常圧では気体である。常温で低い圧力（1 MPa 以下）をかけることによって，容易に液化させることできる。また，ブタンは常圧における沸点が－0.5 度と高く，低温にすることでも液化させることができる。プロパンの比重は，約 1.5 倍，ブタンで約 2.0 倍と空気より重いため，底部に滞留する。プロパン 1 m³ を完全燃焼させるためには理論上 24 倍の空気が必要となり，実際の燃焼時はそれに加えて 20〜100 ％の過剰空気が必要となる。純粋な LP ガスは無色無臭であるが，保安上の観点から漏洩時に感知できるように，微量の硫黄系化合物で着臭している。高圧ガス保安法では，空気中の混入比率が 1/1,000 の場合においても感知できるように，着臭することが定められている。したがって，(2)は適当でない。

(1) プロパンの比重は，約 1.5 倍，ブタンで約 2.0 倍と空気より重いため，底部に滞留する。したがって，(1)は適当である。

(3) ガスメーターは，マイコンメーターであり，ガスの使用状況を常に監視し，危険と判断したときはガスを止めたり警告を表示する機能を持った保安ガスメーターである。したがって，(3)は適当である。

(4) 液化天然ガスは，天然ガスを－162 ℃まで冷却し液化させたものである。液化すると 1/600 になることで，タンクローリーや鉄道での輸送やタンクでの大量貯蔵が可能になる。LNG は，石炭や石油に比べて燃焼時の CO_2（二酸化炭素）や酸性雨や大気汚染の原因とされる NO_x（窒素酸化物）の発生量が少なく，SO_x（硫黄酸化物）とばいじんが発生しない。環境負荷の低いエネルギーとして注目されている。

したがって，(4)は適当である。

【No.23】 解答 (3)

(3) 通気管の横引き管をできるだけ短くし，浄化槽に向かって下り勾配になるように配管する。つまり，先上がり勾配になるようにする。したがって，(3)は適当でない。

(1) 槽が 2 槽に分かれる場合においても，基礎は一体の共通基礎とする。したがって，(1)は適当である。

(2) ブロワーは，隣家や寝室等から離れた場所に設置する。したがって，騒音

や振動が伝わらないようにする。(2)は適当である。

(4) 腐食が激しい箇所のマンホールふたは，プラスチック製等としてよい。したがって，金属製のため電気化学的腐食が考えられるため，電池作用が働かないプラスチック製とする。したがって，(4)は適当である。

【No.24】解答 (3)・(4)

(3) 真空式温水発生機は，本体に封入されている熱媒水は，バーナーによって加熱されると直ちに沸騰し，その時の熱媒水温度と同じ蒸気を発生する。缶内で発生した蒸気は減圧蒸気室内に配置された熱交換器表面で，凝縮することによって水を加温し，水滴となって再び熱媒水に戻る。つまり，熱媒水は缶体内で「沸騰→蒸発→凝縮→熱媒水」のサイクルを繰り返す。したがって，熱媒水の補給は不要で，空焚きのおそれがない。したがって，(3)は適当でない。

(4) 密閉式ガス湯沸器は，燃焼空気を屋外から取り入れ，燃焼ガスを屋外に排出するものである。したがって，屋内から燃焼空気を取り入れないため，(4)は適当でない。

【No.25】解答 (1)

(1) 遠心ポンプの揚程曲線は，吐出量が0のとき全揚程が最大で吐出量の増加とともに低くなる。したがって，(1)は適当でない。

(2) 飲料用受水タンクには，鋼板製，ステンレス製，プラスチック製及び木製のものがある。したがって，(2)は適当である。

(3) 軸流送風機は，構造的に小型で低圧力，大風量に適した送風機である。したがって，(3)は適当である。

(4) 吸収冷温水機は，ボイラーと冷凍機の両方を設置する場合に比べ，設置面積が小さい。したがって，(4)は適当である。

【No.26】解答 (4)

(4) 排水用リサイクル硬質ポリ塩化ビニル管（REP-VU）は，屋外排水設備に使用する排水用硬質塩化ビニル管である。したがって，(4)は適当でない。

(1) 排水・通気用耐火二層管は，防火区画貫通部1時間遮炎性能の規定に適合する。したがって，(1)は適当である。

(2) 水道用硬質ポリ塩化ビニル管の種類には，VPとHIVP（耐衝撃性）がある。したがって，(2)は適当である。

(3) 水道用ポリエチレン二層管の種類には，1種，2種，3種がある。
したがって，(3)は適当である。

【No.27】 解答(4)

(4) シーリングディフューザー形吹出口は，室内空気を誘引する効果が非常に
大きく，拡散半径が大きい。吹き出しパターンの切替えが可能で，冷房時は
拡散半径を大きくするため中コーンを下げる。したがって，(4)は適当でな
い。

(1) 案内羽根（ガイドベーン）は，直角エルボ等に設け，圧力損失を低減する。
したがって，(1)は適当である。

(2) 軸流吹出口の種類には，ノズル形，パンカルーバー形，グリル形等がある。
したがって，(2)は適当である。

(3) 吸込口が居住区域内の座席に近い位置にある場合は，有効開口面風速を2.0
〜3.0 m/s とする。したがって，(3)は適当である。
居住区域の上にあるときは，4 m/s 以上，居住区域内で座席より遠いとき
は，3〜4 m/s，居住区域内で座席より近いときは，2〜3 m/s であり，ドア
のアンダーカット。ドアグリルでは，1〜1.5 m/s とする。

【No.28】 解答(3)

(3) 吸収冷温水機の機器仕様の記載例は，形式，冷凍能力 [kW]，加熱能力
[kW]，冷水量 [L/min]，冷水出入口温度 [℃]，温水量 [L/min]，温水出
入口温度 [℃]，冷却水量 [L/min]，冷却水出入口温度 [℃]，冷水，温水，
冷却水損失水頭 [kPa]，燃料 [都市ガス（pa）・灯油]，燃焼消費量 [m^3N/
h・kg/h]，燃焼制御方式，電源容量 [Φ，V，KVA]，基礎の種別，台数で
ある。したがって，「圧縮機容量」は記載する項目ではない。圧縮機は吸収
冷温水機には搭載されていないため，記載する項目ではない。したがって，
(3)は適当でない。

(1) ボイラーは，定格出力は記載する項目である。したがって，(1)は適当であ
る。

(2) 給湯用循環ポンプは，循環水量は記載項目である。したがって，(2)は適当
である。

(4) ファンコイルユニットは，型番は記載する項目である。したがって，(4)は
適当である。

【No.29】 解答 (3)

(3) 優先順位は，① 質問回答書，② 現場説明書，③ 特記仕様書，④ 図面（設計図），⑤ 標準仕様書の順となるため，設計図面の内容が優先される。したがって，(3)は適当でない。

(1) 受注者は，総合施工計画書及び工種別の施工計画書を監督員に提出する。したがって(1)は適当である。

(2) 発注者は，現場代理人の工事現場への常駐義務を一定の要件のもとに緩和できる。
常に連絡がすぐに取れる状態であれば，常駐しなくてもよいと規定されている。したがって，(2)は適当である。

(4) 受注者は，設計図書の内容や現場の納まりに疑義が生じた場合，監督員と協議する。したがって，(4)は適当である。

【No.30】 解答 (4)

(4) クリティカルパスは，① → ② → ③ → ④ → ⑤ → ⑥ → ⑦　であり，作業日数は 16 日となる。したがって，(4)は適当である。

【No.31】 解答 (1)

(1) 防火ダンパーの温度ヒューズの作動は，全数検査をすると商品価値がなくなるため，抜取検査で確認する。したがって，(1)は適当でない。

(2) 給水配管の水圧試験は，全数検査で確認する。したがって，(2)は適当である。

(3) ボイラーの安全弁の作動は，全数検査で確認する。したがって，(3)は適当である。

(4) 防火区画の穴埋めは，全数検査で確認する。したがって，(4)は適当である。

【No.32】 解答 (4)

(4) 既設汚水ピット内で作業を行う際は，酸素濃度が 18 ％以上であることを確認する。したがって，15 ％以上ではないため，(4)は適当でない。

(1) ツールボックスミーティングは，作業開始前だけでなく，必要に応じて，昼食後の作業再開時や作業切替え時に行われることもある。したがって，(1)は適当である。

(2) ツールボックスミーティングでは，当該作業における安全等について，短時間の話し合いが行われる。したがって，(2)の記述は適当である。

(3) 既設汚水ピット内で作業を行う際は，酸素濃度のほか，硫化水素濃度も確認する。したがって，(3)の記述は適当である。

【No.33】 解答 (2)

(2) 遠心送風機の心出し調整は，製造者が出荷前に行うが，据付け時には，プーリの芯出しは，外側面に定規，水糸などを当てて出入りを調整する。したがって，(2)は適当でない。

(1) パッケージ形空気調和機の屋外機の騒音対策には，防音壁の設置等がある。したがって，(1)は適当である。

(3) 床置き形のパッケージ形空気調和機の基礎の高さは，150 mm 程度とする。したがって，(3)は適当である。

(4) 縦横比の大きい自立機器への頂部支持材の取付けは，原則として，2箇所以上とする。したがって，(4)は適当である。

【No.34】 解答 (2)

(2) 雑排水用に配管用炭素鋼鋼管を使用する場合は，排水管用継手（ドレネージ継手）を使用する。リセスを設けて管の内面に段差ができないようする。したがって，(2)は適当でない。

(1) 給水立て管から各階への分岐管には，分岐点に近接した部分に止水栓を設ける。したがって，(1)は適当である。

(3) パイプカッターは，管径が小さい銅管やステンレス鋼管の切断に使用される。したがって，(3)は適当である。

(4) 地中で給水管と排水管を交差させる場合は，給水管を排水管より上方に埋設する。したがって，(4)は適当である。

【No.35】 解答 (2)

(2) 送風機の接続ダクトに取り付ける風量測定口は，送風機の吐出し口の直近に取り付けると，乱流で測定が不安定になるため，曲管直後の取付けはダクト径の5倍程度の直管部を設けて取り付ける。したがって，(2)は適当でない。

(1) 保温するダクトが防火区画を貫通する場合，貫通部の保温材はロックウール保温材とする。したがって，(1)は適当である。

(3) フレキシブルダクトは，吹出口ボックス及び吸込口ボックスの接続用に使用してもよい。したがって，(3)は適当である。

(4) 共板フランジ工法ダクトの施工において，クリップ等のフランジ押え金具は再使用しない。したがって，(4)は適当である。

【No.36】解答(1)

(1) アルミニウムペイントは，耐水性及び耐食性がよく，蒸気管や放熱器の塗装に使用される。したがって，(1)は適当でない。

(2) 天井内に隠ぺいされる冷温水配管の保温は，水圧試験後に行う。したがって，(2)は適当である。

(3) 冷温水配管の吊りバンドの支持部には，合成樹脂製の支持受けを使用する。したがって，(3)は適当である。結露防止のために行う。

(4) 塗装場所の相対湿度が85％以上の場合，原則として，塗装を行わない。また，気温5℃以下では塗装をしてはならない。したがって，湿度85％以下で，気温5℃以上であれば塗装ができます。(4)は適当である。

【No.37】解答(4)

(4) 排水ポンプ吐出し管 ————耐圧試験を行う。したがって，(4)は適当でない。

(1) 建物内排水管は，通水試験を行う。したがって，(1)は適当である。

(2) 敷地排水管は，通水試験を行う。したがって，(2)は適当である。

(3) 浄化槽は，満水試験を行う。したがって，(3)は適当である。

【No.38】解答(2)

(2) 満水状態になったら，吐出し弁を閉めて起動し，手元スイッチで瞬時運転して回転方向を確認する。過電流に注意して吐出し弁を徐々に開いて，流量計により規定水量に調節する。したがって，吸込み側の弁ではないため，(2)は適当でない。

(1) 膨張タンク等から注水して，機器及び配管系の空気抜きを行う。したがって，(1)は適当である。

(3) グランドパッキン部から一定量の水滴の滴下があることを確認する。したがって，(3)は適当である。

(4) 軸受温度が周囲空気温度より過度に高くなっていないことを確認する。したがって，(4)は適当である。

【No.39】 解答 (1)

(1) 事業者は，常時5人以上60人未満の労働者を使用する事業場ごとに，安全衛生推進者を選任しなければならない。したがって，常時10人以上50人未満の労働者を使用する事業場とするため，(1)は適当でない。

(2)，(3)，(4)は適当である。

【No.40】 解答 (3)

(3) 親権者又は後見人は，未成年者の賃金を代わって受け取ってはならない。したがって，(3)は適当でない。

(1)，(2)，(4)は適当である。

【No.41】 解答 (1)

(1) 最下階の床は，主要構造部ではない。主要構造部は，壁，柱，床，はり，屋根又は階段をいう。したがって，(1)は適当でない。

(2)，(3)，(4)は適当である。

【No.42】 解答 (4)

(4) 雨水排水立て管は，通気管と兼用してはならない。また，通気管に連結することも禁じられている。したがって，(4)は適当でない。

(1)，(2)，(3)は適当である。

【No.43】 解答 (2)

(2) 現場代理人の氏名は，標識の記載事項に定められていない。したがって，(2)は適当でない。

(1)，(3)，(4)は適当である。

【No.44】 解答 (2)

(2) 建設工事の見積書は，請負契約の成立前に交付しなければならない。したがって，(2)は適当でない。

(1)，(3)，(4)は適当である。

【No.45】 解説 (3)

(3) 屋内消火栓設備を設置しなければならない防火対象物は，集会場 ———— 地上2階，延べ面積2,000 m² のものが該当する。したがって，(3)が適

当である。

【No.46】解答（4）

(4) アルミニウムは，特定建設資材に該当しない。

したがって，(4)は該当しないものである。

(1)，(2)，(3)は該当する。

【No.47】解答（1）

(1) 騒音値は，騒音規制法に定められているため，建築物における衛生的環境の確保に関する法律には定められていない。したがって，(1)は適当でない。

【No.48】解答（1）

(1) 建設工事の現場事務所から排出される生ゴミ，新聞，雑誌等は，一般廃棄物として処理しなければならない。したがって，産業廃棄物ではないため(1)は適当でない。

(2)，(3)，(4)は適当である。

【No.49】解答（1），（3）

(1) ネットワーク工程表は，各作業の現時点における進行状態は，日数の計算によって把握できる。達成度により把握できるのは，ガントチャートである。したがって，(1)は適当でない。

(3) 毎日の予定出来高が一定の場合は，バーチャート工程表表上の予定進度曲線は直線になる。したがって，Ｓ字形にはならないため，(3)は適当でない。

【No.50】解答（2），（3）

(2) 呼び番号３の天吊りの遠心送風機は，形鋼製の架台上に据え付け，架台も形鋼で固定する。吊りボルトは使用しない。したがって，(2)は適当でない。

(3) 冷却塔は，補給水口の高さが補給水タンクの低水位から３ｍ以内となるように据え付ける。したがって，(3)は適当でない。

【No.51】解答（2），（4）

(2) 土中埋設の汚水排水管に雨水管を接続する場合は，トラップますを介して接続する。したがって，ドロップますではないため，(2)は適当でない。

(4) 揚水管のウォータハンマーを防止するためには，ポンプ吐出側に衝撃吸収

式逆止弁を設ける。したがって，防振継手ではないため，(4)は適当でない。

【No.52】 解答 (1)，(4)

(1) 厨房排気ダクトの防火ダンパーでは，温度ヒューズの作動温度は120℃とする。したがって，72℃ではないため，(1)は適当でない。

(4) アングルフランジ工法はアングル（山形鋼）を溶接したフランジ継手により接合する工法である。ダクト本体を成型加工するのは，共板フランジ工法である。したがって，(4)は適当でない。

第11章 第二次検定対策

【第1回は新制度問題】

【問題1】は必須問題です。必ず解答してください。

【問題2】と【問題3】の2問題のうちから1問題を選択し，解答してください。

【問題4】と【問題5】の2問題のうちから1問題を選択し，解答してください。

【問題6】は必須問題です。必ず解答してください。

以上の結果，全部で4問題を解答することになります。選択問題は，指定数を超えて解答した場合，減点となりますから十分注意してください。

第 1 回

問題 1 は必須問題です。**必ず解答してください。**解答は**解答欄**に記述してください。

【問題 1】 次の設問 1～設問 3 の答えを解答欄に記述しなさい。

〔設問 1〕 次の(1)～(5)の記述について，**適当な場合には○を，適当でない場合には×を記入しなさい。**

(1) アンカーボルトは，機器の据付け後，ボルト頂部のねじ山がナットから 3 山程度出る長さとする。

(2) 硬質ポリ塩化ビニル管の接着接合では，テーパ形状の受け口側のみに接着剤を塗布する。

(3) 鋼管のねじ加工の検査では，テーパねじリングゲージをパイプレンチで締め込み，ねじ径を確認する。

(4) ダクト内を流れる風量が同一の場合，ダクトの断面寸法を小さくすると，必要となる送風動力は小さくなる。

(5) 遠心送風機の吐出し口の近くにダクトの曲がりを設ける場合，曲がり方向は送風機の回転方向と同じ方向とする。

〔設問2〕 (6)〜(8)に示す図について，**適切でない部分の理由又は改善策**を記述
しなさい。

〔設問3〕 (9)に示す図について，**排水口空間 A の必要最小寸法**を記述しなさ
い。

(6) カセット形パッケージ形空気調和機
（屋内機）据付け要領図

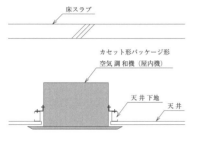

(7) 通気管末端の開口位置
（外壁取付け）

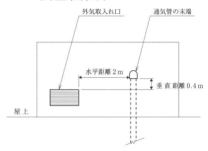

(8) フランジ継手のボルトの締付け順序
（数字は締付け順序を示す。）

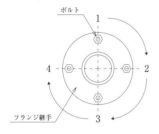

(9) 飲料用高置タンク回り配管要領図

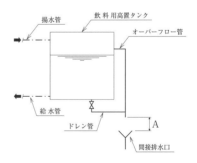

【問題1】
〈解答欄〉
〔設問1〕

(1)	(2)	(3)	(4)	(5)

〔設問2〕

	適切でない部分の理由又は改善点
(6)	
(7)	
(8)	

〔設問3〕

	排水口空間 A の必要最小寸法
(9)	

解答 解説 ‧‧

※複数の解答例がある部分は，どれか1つを書けば良い。

〔設問1〕

	正誤	間違っている理由
(1)	○	
(2)	×	テーパ形状の受け口側と管の両接合面に接着剤を塗布して挿入して，表面の膨潤と管と継手の弾性を利用して接合する。
(3)	×	手締めで締め込みする。
(4)	×	ダクト断面寸法を小さくすると，抵抗が大きくなるため送風動力は大きくなる。
(5)	○	

〔設問2〕

	適切でない部分の理由又は改善点
(6)	カセット形パッケージ形空気調和機（屋内機）据付け要領図 ① ドレン配管は1/100以上の下り勾配として山越えやトラップはつくらない。 ② 吊りボルトを4隅に設け床スラブに固定する。
(7)	通気管末端の開口位置（外壁取付け） ・通気管の末端は外気取入口から垂直距離を0.6 mとる。又は，水平距離を3 m離す。
(8)	フランジ継手のボルトの締め付け順序（数字は締付け順序を示す。） ・対角線に締め付けるため，1→3→2→4の順番に締付け，片締めにならないようにする。

〔設問3〕

	排水口空間 A の必要最小寸法
(9)	飲料用高置タンク回り配管要領図飲料用タンクの場合は，間接排水管の管径にかかわらず，最小150 mmとする。**答え　150 mm**

問題2と問題3の2問題のうちから1問題を選択し，解答は**解答欄**
に記述してください。選択した問題は，解答欄の**選択欄に○印**を記
入してください。

※問題文が短いので【問題2】と【問題3】の解答欄と解説・解答はまとめて
あります。

【問題2】 空冷ヒートポンプパッケージ形空気調和機の冷媒管（銅管）を施
工する場合の留意事項を解答欄に具体的かつ簡潔に記述しなさい。
記述する留意事項は，次の(1)～(4)とし，それぞれ解答欄の(1)～(4)に記述
する。
ただし，工程管理及び安全管理に関する事項は除く。

(1) 管の切断又は切断面の処理に関する留意事項
(2) 管の曲げ加工に関する留意事項
(3) 管の差込接合に関する留意事項
(4) 管の気密試験に関する留意事項

【問題3】 ガス瞬間湯沸器（屋外壁掛け形，24号）を住宅の外壁に設置し，
浴室への給湯管（銅管）を施工する場合の留意事項を解答欄に具体的か
つ簡潔に記述しなさい。
記述する留意事項は，次の(1)～(4)とし，それぞれ解答欄の(1)～(4)に記述
する。
ただし，工程管理及び安全管理に関する事項は除く。

(1) 湯沸器の配置に関し，運転又は保守管理の観点からの留意事項
(2) 湯沸器の据付けに関する留意事項
(3) 給湯管の敷設に関する留意事項
(4) 湯沸器の試運転調整に関する留意事項

【問題 2】

選択欄 [　　　　]

〈解答欄〉

	留　意　事　項
(1)	
(2)	
(3)	
(4)	

【問題 3】

選択欄 [　　　　]

〈解答欄〉

	留　意　事　項
(1)	
(2)	
(3)	
(4)	

第11章　第二次検定対策

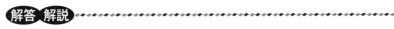**解答 解説**

※複数の解答例のうちどれか1つを記入すれば良い。

【問題2】

解答例

	留 意 事 項
(1)	管の切断又は切断面の処理に関する留意事項 ・管の切断は，管軸に対して直角に行う。 ・切断は，金のこ，電動のこ盤，銅管用パイプカッターを用いる。 ・切断にあたっては，管の断面を変形させないように行う。変形させてしまって場合は，真円になるように修正を行う。 ・スクレーパ，リーマ等を用いて，バリ取り，面取りを行う。
(2)	管の曲げ加工に関する留意事項 ・加工硬化によって硬さを調整したもので，Hが最も硬く3/4H，1/2H，1/4Hの順に柔らかくなり，1/2H材を使用し専用工具を用いて行う。 ・曲げ半径は管径の4倍以上とする。
(3)	管の差込接合に関する留意事項 ・管と継手とのすき間が0.2 mm以上になる部分があると，ボイド（接合部でろうの行きわたっていない部分）などを生じ漏水の原因となるので，軟質管はサイジングツール（管端修正器）で差口を真円にし，すき間を0.05〜0.15 mm程度とする。 ・差口と受口の接合部をナイロンたわし又は細かい紙やすりで金属光沢が出るまで磨き，フラックスを差口に薄く均一に塗布する。 ・受口にフラックスを塗布してはならない。塗布すると管を差し込んだとき，活性の強いフラックスが継手内に押し出されて，腐食の原因になることがある。 ・差口を継手の奥まで十分に差込み，すき間が全周にわたって一様になるように管を保持して，トーチランプ又は電気ろう付け機で均一に加熱する。適正すき間は，0.05〜0.15 mmである。 ・フラックスが溶けたら，ろうを接合部に当てて溶かし，毛細管現象によってすき間全部に流し込む。加熱を止め，ウエスに水を含ませたもので徐々に冷却する。 ・フラックスは，管を腐食させることがあるので，接合後，管外面については濡れたウエスで拭き取り，管内面は配管後，通水又は水圧試験にて水洗いし除去する。

	・最後にフィレット（継手のすき間からはみ出したろうの部分）の形状が適正であることを確認する。 ・はんだ（軟ろう）は機械的強度が低いため，ろう（硬ろう）を使用するものとし，管内に不活性ガスを流して酸化物の生成を抑えながら接合する。
(4)	管の気密試験に関する留意事項 ・配管接続完了後，高圧ガス保安法による諸基準に従い，窒素ガス，炭酸ガス，乾燥空気などを用いて気密試験を行う。 ・気密試験の加圧は，0.3 MPa，1.5 MPa，3.0 MPa などのように段階的に行う。 ・圧力ゲージにより圧力降下の有無を確認する。周囲温度により圧力に変化が起きるので注意する。 ・ガス漏れ箇所の確認には，聴覚，触手，石けん水などを使用する。

【問題3】

解答例

	留 意 事 項
(1)	湯沸器の配置に関し，運転又は保守管理の観点からの留意事項 ・給湯機の前方は 600 mm 以上あける（不燃材料使用場所では 300 mm 以上） ・給湯器の後方は 10 mm 以上隙間をつくる。 ・給湯器側面は 150 mm 以上あける。 ・ガス給湯器の排気口の上方は 300 mm 以上あける。 ・窓下に設置する場合，ガス給湯器の上部と窓の下枠の距離は 300 mm 以上あける。
(2)	湯沸器の据付けに関する留意事項 ・機器の保守点検，修理が容易にできるように据え付ける。 ・屋外壁掛け形であるため，堅固に水平に据え付ける。 ・地震時の移動，落下防止のため耐震ストッパーを設ける。
(3)	給湯管の敷設に関する留意事項 ・給湯配管はできるだけ短くして，保温材で被覆してください。 ・給湯配管は金属製の管（銅管など）を使用してください。鉛管，塩ビ管は絶対に使用しない。

	・給湯配管が長くなるとそれだけお湯の出始めが遅くなり，放熱しやすくなりますので，使用上不便を感じたり，水・ガスの無駄にもなる。 ・給湯栓に混合水栓を使用する場合は，出口の絞られていないもの（瞬間湯沸器用混合水栓）を使用する。 ・寒冷地では，凍結防止のため，配管内の水抜きが容易にできるようにするか，保温材で覆うなどして凍結を予防する。
(4)	湯沸器の試運転調整に関する留意事項 ・試運転を始める前に，誤配管をしていないか再度確認する。配管を間違えて万一ガス接続口に給水してしまった場合，ガス漏れなどの重大事故の可能性があるため，その機器は使用できません。 ・給水元栓を開け，操作ボタンを押して給湯栓を開けた時水が出るか。 ・機器に通水し，水漏れはないか。（特に通水部の接続部からの水漏れ） ・給湯栓を開けた時，パチパチとスパークするか。 ・ガス栓を開け給湯栓を開けたとき，点火は良好か。（バーナに着火するか）また，出湯は良好か。 ・湯温調節つまみを回した時，湯温が変化するか。また，水の位置にしたとき水が出るか。 ・能力切替レバーを動かしたとき，ガス量は変化するか。 ・給湯栓を閉めて消火・出湯停止にしたとき，バーナの火が消えるか。 ・燃焼中異常音がしないか。異臭はないか。 ・試運転が終わりましたら，すぐに使用する場合を除き，各元栓を閉めて，必ず水抜きを行ってください。水抜きを行わないと，冬期には凍結によって機器が破損することがあります。

【問題4】（工程管理）と【問題5】（法規）の2問題のうちから1問題を選択し，解答は解答欄に記入してください。選択した問題は，解答欄の**選択欄**に○印を記入してください。

【問題4】2階建て事務所ビルの新築工事において，空気調和設備工事の作業が下記の表及び施工条件のとき，次の設問1及び設問2の答えを解答欄に記述しなさい。

	1階部分		2階部分	
作業名	作業日数	工事比率	作業日数	工事比率
準備・墨出し	1日	2%	1日	2%
配管	6日	24%	6日	24%
機器設置	2日	6%	2日	6%
保温	4日	10%	4日	10%
水圧試験	2日	2%	2日	2%
試運転調整	2日	6%	2日	6%

（注）表中の作業名の記載順序は，作業の実施順序を示すものではありません。

〔施工条件〕
① 1階部分の準備・墨出しの作業は，工事の初日に開始する。
② 機器設置の作業は，配管の作業に先行して行うものとする。
③ 各作業は，同一の階部分では，相互に並行作業しないものとする。
④ 同一の作業は，1階部分の作業が完了後，2階部分の作業に着手するものとする。
⑤ 各作業は，最早で完了させるものとする。
⑥ 土曜日，日曜日は，現場での作業を行わないものとする。

〔設問1〕 バーチャート工程表及び累積出来高曲線を作成し，次の(1)～(3)に答えなさい。

ただし，各作業の出来高は，作業日数内において均等とする。

（バーチャート工程表及び累積出来高曲線の作成は，採点対象外です。）

(1) 工事全体の工期は，何日になるか答えなさい。

(2) ① 累積出来高が70％を超えるのは工事開始後何日目になるか答えなさい。

② その日に1階で行われている作業の作業名を答えなさい。

③ その日に2階で行われている作業の作業名を答えなさい。

(3) タクト工程表はどのような作業に適しているか簡潔に記述しなさい。

〔設問2〕 工期短縮のため，機器設置，配管及び保温の各作業については，1階部分と2階部分を別の班に分け，下記の条件で並行作業を行うこととした。バーチャート工程表を作成し，次の(4)及び(5)に答えなさい。

（バーチャート工程表の作成は，採点対象外です。）

（条件）① 機器設置，配管及び保温の各作業は，1階部分の作業と2階部分の作業を同じ日に並行作業することができる。各階部分の作業日数は，当初の作業日数から変更がないものとする。

② 水圧試験は，1階部分と2階部分を同じ日に同時に試験する。各階部分の作業日数は，当初の作業日数から変更がないものとする。

③ ①及び②以外は，当初の施工条件から変更がないものとする。

(4) 工事全体の工期は，何日になるか答えなさい。

(5) ②の条件を変更して，水圧試験も1階部分と2階部分を別の班に分け，1階部分と2階部分を別の日に試験することができることとし，また，並行作業とすることも可能とした場合，工事全体の工期は，②の条件を変更しない場合に比べて，何日短縮できるか答えなさい。水圧試験の各階部分の作業日数は，当初の作業日数から変更がないものとする。

〔設問1〕 作業用

種別	作業名	工事比率(%)	月1	火2	水3	木4	金5	土6	日7	月8	火9	水10	木11	金12	土13	日14	月15	火16	水17	木18	金19	土20	日21	月22	火23	水24	木25	金26	土27	日28	月29	火30	水31	累積比率
1階	準備・墨出し		■																															100 / 90 / 80 / 70 / 60 / 50 / 40
2階	準備・墨出し			■																														30 / 20 / 10 / 0

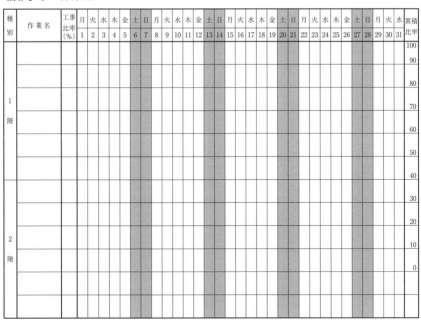

タクト工程表
2階　準備・墨出し
1階　準備・墨出し

〔設問2〕 作業用

種別	作業名	工事比率(%)	月1	火2	水3	木4	金5	土6	日7	月8	火9	水10	木11	金12	土13	日14	月15	火16	水17	木18	金19	土20	日21	月22	火23	水24	木25	金26	土27	日28	月29	火30	水31	累積比率
1階																																		100 / 90 / 80 / 70 / 60 / 50 / 40
2階																																		30 / 20 / 10 / 0

【問題4】

選択欄	

〈解答欄〉

設問		解　答
〔設問1〕	(1)	
	(2)	①
		②
		③
	(3)	
〔設問2〕	(4)	
	(5)	

解答・解説

【問題4】

〔設問1〕 作業用(1)〜(3)

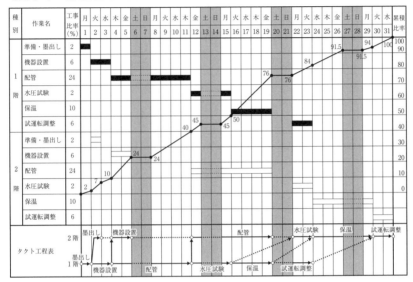

〔設問2〕 作業用(4)

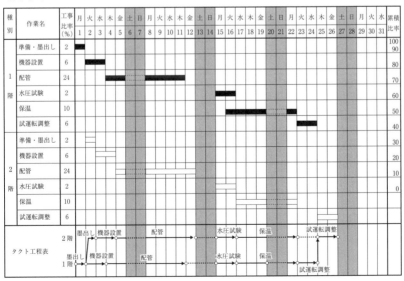

〔設問2〕 作業用(5)

種別	作業名	工事比率(%)	月1	火2	水3	木4	金5	土6	日7	月8	火9	水10	木11	金12	土13	日14	月15	火16	水17	木18	金19	土20	日21	月22	火23	水24	木25	金26	土27	日28	月29	火30	水31	累積比率
1階	準備・墨出し	2																																100 90
	機器設置	6																																80
	配管	24																																70
	水圧試験	2																																60
	保温	10																																50
	試運転調整	6																																40
2階	準備・墨出し	2																																30
	機器設置	6																																20
	配管	24																																10
	水圧試験	2																																0
	保温	10																																
	試運転調整	6																																

タクト工程表
※割愛

2階：墨出し・機器設置・配管・水圧試験・保温・試運転調整
1階：墨出し・機器設置・配管・水圧試験・保温・試運転調整

【問題4】

設問		解　答
〔設問1〕	(1)	31 日
	(2)	① 19 日
		② 保温
		③ 配管
	(3)	同一の作業を階数分，繰返し行う場合に作業を効率よく行うことができる。
〔設問2〕	(4)	26 日
	(5)	1 日

【問題5】 次の設問1及び設問2の答えを解答欄に記述しなさい。

〔設問1〕 建設業における労働安全衛生に関する文中，　A　～　C　に当てはまる「労働安全衛生法」に定められている語句又は数値を選択欄から選択して解答欄に記入しなさい。

(1) 安全衛生推進者の選任は，　A　の登録を受けた者が行う講習を修了した者その他法に定める業務を担当するため必要な能力を有すると認められる者のうちから，安全衛生推進者を選任すべき事由が発生した日から　B　日以内に行わなければならない。

(2) 事業者は，新たに職務につくこととなった　C　その他の作業中の労働者を直接指導又は監督する者に対し，作業方法の決定及び労働者の配置に関すること，労働者に対する指導又は監督の方法に関すること等について，安全又は衛生のための教育を行わなければならない。

選択欄

厚生労働大臣，　都道府県労働局長，　7，　14，　職長，
作業主任者

〔設問2〕 墜落等による危険の防止に関する文中，　D　及び　E　に当てはまる「労働安全衛生法」に定められている数値を解答欄に記述しなさい。

(3) 事業者は，高さが　D　メートル以上の作業床の端，開口部等で墜落により労働者に危険を及ぼすおそれのある箇所には，囲い，手すり，覆い等を設けなければならない。

(4) 高さ又は深さが　E　メートルをこえる箇所の作業に従事する労働者は，安全に昇降するための設備等が設けられたときは，当該設備等を使用しなければならない。

【問題5】

選択欄	

〈解答欄〉

			語句又は数値	
設問1	(1)	A		
		B		
	(2)	C		
			数値	
設問2	(3)	D		
	(4)	E		

解答 解説 ◆◇◆◇◆◇◆◇◆◇◆◇◆◇◆◇◆◇◆◇◆◇◆◇◆◇◆◇◆◇◆◇◆◇◆◇◆◇

【問題5】

			語句又は数値	
設問1	(1)	A	都道府県労働局長	
		B	14	
	(2)	C	職長	
			数値	
設問2	(3)	D	2	
	(4)	E	1.5	

> 問題6は必須問題です。**必ず解答してください。**解答は**解答欄**に記述してください。

【問題6】あなたが経験した管工事のうちから，代表的な工事を1つ選び，次の設問1〜設問3の答えを解答欄に記述しなさい。

〔設問1〕 その工事につき，次の事項について記述しなさい。
(1) 工事名〔例：◎◎ビル（◇◇邸）□□設備工事〕
(2) 工事場所〔例：◎◎県◇◇市〕
(3) 設備工事概要〔例：工事種目，工事内容，主要機器の能力・台数等〕
(4) 現場でのあなたの立場又は役割

〔設問2〕 上記工事を施工するにあたり「**工程管理**」上，あなたが**特に重要と考えた事項**を解答欄の(1)に記述しなさい。
また，それについて**とった措置又は対策**を解答欄の(2)に簡潔に記述しなさい。

〔設問3〕 上記工事を施工するにあたり「**安全管理**」上，あなたが**特に重要と考えた事項**を解答欄の(1)に記述しなさい。
また，それについて**とった措置又は対策**を解答欄の(2)に簡潔に記述しなさい。

第11章 第二次検定対策

【問題6】

〈解答欄〉

〔設問1〕 その工事につき，次の事項について記述しなさい。

(1) 工事名 〔例：◎◎ビル（◇◇邸）□□設備工事〕

_____

(2) 工事場所〔例：◎◎県◇◇市〕

_____

(3) 設備工事概要〔例：工事種目，工事内容，主要機器の能力・台数等〕

_____

_____

(4) 現場でのあなたの立場又は役割

_____

〔設問2〕 上記工事を施工するにあたり「工程管理」上，あなたが特に重要と
考えた事項を解答欄の(1)に記述しなさい。
また，それについてとった措置又は対策を解答欄の(2)に簡潔に記述し
なさい。

(1)特に重要と考えた事項

_____

_____

(2)とった措置又は対策

_____

_____

_____

〔**設問3**〕 上記工事を施工するにあたり「安全管理」上，あなたが特に重要と考えた事項を解答欄の(1)に記述しなさい。
　　　　　また，それについてとった措置又は対策を解答欄の(2)に簡潔に記述しなさい。

(1)特に重要と考えた事項

_____

_____

(2)とった措置又は対策

_____

_____

_____

解答例

〔設問1〕 その工事につき，次の事項について記述しなさい。

(5) 工事名 〔例：◎◎ビル（◇◇邸）□□設備工事〕

　　弘文社ビル　給排水設備工事

(6) 工事場所〔例：◎◎県◇◇市〕

　　大阪府大阪市東住吉区

(7) 設備工事概要〔例：工事種目，工事内容，主要機器の能力・台数等〕

　　給排水設備　給水管 SGP-VA　Φ30 mm　L = 55m　SGP-VD　Φ50 mm

　　L = 60m

　　排水管　硬質塩化ビニル管　VU　Φ100 mm　L = 78m　Φ75 mm　L =

　　58m

(8) 現場でのあなたの立場又は役割

　　工事主任

〔設問2〕 上記工事を施工するにあたり「工程管理」「品質管理」上，あなた
　　　　　が特に重要と考えた事項を解答欄の(1)に記述しなさい。
　　　　　また，それについてとった措置又は対策を解答欄の(2)に簡潔に記述し
　　　　　なさい。

「工程管理」の場合

(1)特に重要と考えた事項

　他業種との競合作業となり，輻輳作業となるため，工事着手に 10 日間遅れ，
さらに手待ち，手戻りなどが発生し，工程遅延対策の必要があった。

(2)とった措置又は対策

　他業種現場代理人と工程会議を実施し，総合工程表により競合作業とならな
いように，調整をするとともに，作業責任者と打合せ，作業体制を 2 班とし
て，1 階と 2 階に分け，並行作業により進捗を図り，合理化施工により 10 日
間短縮させた。

「品質管理」の場合

(1)特に重要と考えた事項

　他業種との競合作業となり，排水配管スペースが狭く，配管勾配の確保，配
管接続部の漏水防止等施工精度の確保が重要であった。

(2)とった措置又は対策

　他業種と取合い調整を図り，作業スペースを確保するとともに，配管勾配1/100を配管作業員に指示し，TS接合は，保持時間，管径75 mm以上のため60秒確保させ，満水試験により漏水がないことを確認した。

〔設問3〕　上記工事を施工するにあたり「安全管理」上，あなたが特に重要と考えた事項を解答欄の(1)に記述しなさい。
　　　　　また，それについてとった措置又は対策を解答欄の(2)に簡潔に記述しなさい。

(1)特に重要と考えた事項

　給水管設置箇所は，配管スペースが狭く，各階2m以上の高さとなり，足場を組み作業床を設置しての作業となったため，作業員の墜落事故防止が重要となった。

(2)とった措置又は対策

　安全朝礼にて，高所作業となるため要求性能墜落制止用器具，保護帽の着用を義務づけ，使用工具には落下防止用ワイヤーを使用させ，作業責任者に上下作業とならないように調整させ，不安全作業，不安定作業を是正させた。

問題1は必須問題です。**必ず解答してください**。解答は**解答欄**に記述してください。

【問題1】 次の設問1及び設問2の答えを解答欄に記述しなさい。

〔設問1〕 (1)及び(2)に示す各図について，**使用場所又は使用目的**を記述しなさい。

(1) つば付き鋼管スリーブ

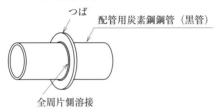

つば
配管用炭素鋼鋼管（黒管）
全周片側溶接

(2) 合成樹脂製支持受け付き U バンド

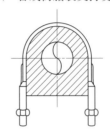

〔設問2〕 (3)～(5)に示す各図について，**適切でない部分の理由又は改善策**を具体的かつ簡潔に記述しなさい。

(3) 汚水桝施工要領図

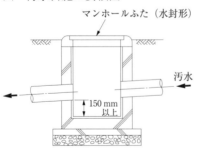

マンホールふた（水封形）
汚水
150 mm
以上

(4) 排気チャンバー取付け要領図

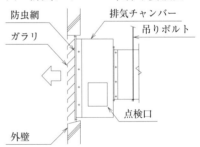

防虫網
ガラリ
排気チャンバー
吊りボルト
点検口
外壁

(5) 冷媒管吊り要領図

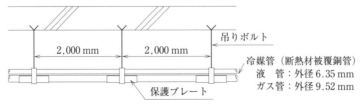

吊りボルト
2,000 mm   2,000 mm
保護プレート
冷媒管（断熱材被覆銅管）
液 管：外径 6.35 mm
ガス管：外径 9.52 mm

【問題1】

〈解答欄〉

設問1	使用場所又は使用目的
(1)	
(2)	
設問2	適切でない部分の理由又は改善策
(3)	
(4)	
(5)	

解答 解説 •••

設問1	使用場所又は使用目的
(1)	使用場所：外壁の地中部や屋上屋外配管等の防水部分を貫通する場所に設ける。 使用目的：躯体とスリーブとの間の水密を確保するために設ける。
(2)	使用場所：屋内露出や天井内の冷水，冷温水配管。 使用目的：冷温水配管支持部の結露防止。
設問2	適切でない部分の理由又は改善策
(3)	汚水桝（ます）はインバート桝とし，防臭ふたを用いる。
(4)	ガラリから侵入した雨水がチャンバ内に溜まらないよう底部にドレン管を設けるか，水切りテーパを設ける。
(5)	支持間隔は管のたわみ防止のため，外径9.52 mm以下では，1,500 mm以下とする。

問題2と問題3の2問題のうちから1問題を選択し，解答は解答欄に記述してください。選択した問題は，解答欄の**選択欄**に○印を記入してください。

※問題文が短いので【問題2】と【問題3】の解答欄と解説・解答はまとめてあります。

【問題2】空冷ヒートポンプパッケージ形空気調和機（床置き直吹形，冷房能力20kW）を事務室内に設置する場合の留意事項を解答欄に具体的かつ簡潔に記述しなさい。

記述する留意事項は，次の(1)～(4)とし，それぞれ解答欄の(1)～(4)に記述する。

ただし，工程管理及び安全管理に関する事項は除く。

(1) 屋内機の配置に関し，運転又は保守管理の観点からの留意事項

(2) 屋内機の基礎又は固定に関する留意事項

(3) 屋内機廻りのドレン配管の施工に関する留意事項

(4) 屋外機の配置に関し，運転又は保守管理の観点からの留意事項

【問題3】排水管（硬質ポリ塩化ビニル管，接着接合）を屋外埋設する場合の留意事項を解答欄に具体的かつ簡潔に記述しなさい。

記述する留意事項は，次の(1)～(4)とし，それぞれ解答欄の(1)～(4)に記述する。

ただし，工程管理及び安全管理に関する事項は除く。

(1) 管の切断又は切断面の処理に関する留意事項

(2) 管の接合に関する留意事項

(3) 埋設配管の敷設に関する留意事項

(4) 埋戻しに関する留意事項

【問題2】

選択欄

〈解答欄〉

	留意事項
(1)	
(2)	
(3)	
(4)	

【問題3】

選択欄

〈解答欄〉

	留意事項
(1)	
(2)	
(3)	
(4)	

第11章 第二次検定対策

【問題2】

	留意事項
(1)	エアフィルタの汚れ，熱交換器の洗浄等の点検，保守のため周囲のスペースを確保する。
(2)	屋内機の振動が周囲に伝搬しないように防振ゴム又は防振架台による防振措置を行う。
(3)	結露防止のためドレン配管は断熱材を巻く等の断熱施工を行う。
(4)	屋外機は熱交換が阻害されないよう機器周辺にはスペースを確保する。

【問題3】

	留意事項
(1)	管を切断する場合は，断面が変化しないように帯のこ盤で切断し，パイプカッターのように管径を絞るものは使用させない。
(2)	TS接合において，受口内面および管差口外面を乾いたウエス等できれいに拭き取らせ，接着後は素早く差口を受口に一気にひねらず差し込み，そのまま押えさせる。
(3)	排水時，管きょ内の洗い出し作用を機能させる為，流速が0.6〜1.5 m／sとなるように適切な排水勾配（1／100〜1／200）を確保する。
(4)	施工で発生した余剰分の土は，埋め戻し時においては圧縮沈下防止を目的とし，土を十分に締固める為にバイブレータや突棒を用いて各層ごとに突固めさせる。

問題4と問題5の2問題のうちから1問題を選択し，解答は解答欄に記述してください。選択した問題は，解答欄の**選択欄に○印を記**入してください。

【問題4】建築物の空気調和設備工事において，冷温水の配管工事の作業が下記の表及び施工条件のとおりのとき，次の設問1～設問3の答えを解答欄に記述しなさい。

作業名	作業日数	工事比率
準備・墨出し	2日	5 %
後片付け・清掃	1日	3 %
配管	12日	48 %
保温	6日	30 %
水圧試験	2日	14 %

〔施工条件〕 ① 準備・墨出しの作業は，工事の初日に開始する。
　　　　　　② 各作業は，相互に並行作業しないものとする。
　　　　　　③ 各作業は，最早で完了させるものとする。
　　　　　　④ 土曜日，日曜日は，現場での作業を行わないものとする。

〔設問1〕 バーチャート工程表及び累積出来高曲線を作成し，次の(1)及び(2)に答えなさい。
　　　　　ただし，各作業の出来高は，作業日数内において均等とする。
　　　　　（バーチャート工程表及び累積出来高曲線の作成は，採点対象外です。）

(1) 工事全体の工期は，何日になるか答えなさい。
(2) 29日目の作業終了時点の累積出来高（％）を答えなさい。

〔設問2〕 工期短縮のため，配管，保温及び水圧試験については，作業エリア
をA，Bの2つに分け，下記の条件で並行作業を行うこととした。
バーチャート工程表を作成し，次の(3)及び(4)に答えなさい。（バー
チャート工程表の作成は，採点対象外です。）

(条件) ① 配管の作業は，作業エリアAとBの作業を同日に行うことはでき
ない。
作業日数は，作業エリアA，Bとも6日である。

② 保温の作業は，作業エリアAとBの作業を同日に行うことはでき
ない。
作業日数は，作業エリアA，Bとも3日である。

③ 水圧試験は，作業エリアAとBの試験をエリアごとに単独で行う
ことも同日に行うこともできるが，作業日数は，作業エリアA，
Bを単独で行う場合も，両エリアを同日に行う場合も2日である。

(3) 工事全体の工期は，何日になるか答えなさい。

(4) 作業エリアAと作業エリアBの保温の作業が，土曜日，日曜日以外で中
断することなく，連続して作業できるようにするには，保温の作業の開始日
は，工事開始後何日目になるか答えなさい。

〔設問3〕 更なる工期短縮のため，配管，保温及び水圧試験については，作業
エリアをA，B，Cの3つに分け，下記の条件で並行作業を行うこと
とした。バーチャート工程表を作成し，次の(5)に答えなさい。（バー
チャート工程表の作成は，採点対象外です。）

(条件) ① 配管の作業は，作業エリアAとBとCの作業を同日に行うこと
はできない。
作業日数は，作業エリアA，B，Cとも4日である。

② 保温の作業は，作業エリアAとBとCの作業を同日に行うこと
はできない。
作業日数は，作業エリアA，B，Cとも2日である。

③ 水圧試験は，作業エリアAとBとCの試験をエリアごとに単独
で行うことも同日に行うこともできるが，作業日数は，作業エリ
アA，B，Cを単独で行う場合も，複数のエリアを同日に行う場
合も2日である。

(5) 水圧試験の実施回数を2回とすること（作業エリアA，B，Cの3つのエ
リアのうち，2つのエリアの水圧試験を同日に行うこと）を条件とした場合，
初回の水圧試験の開始日は，工事開始後何日目になるか答えなさい。

〔設問 1〕　作業用

作業名	工事比率(%)	月1	火2	水3	木4	金5	土6	日7	月8	火9	水10	木11	金12	土13	日14	月15	火16	水17	木18	金19	土20	日21	月22	火23	水24	木25	金26	土27	日28	月29	火30	水31	累積比率(%)
準備・墨出し		■	■																														100 90
																																	80
																																	70
																																	60
																																	50
																																	40
																																	30
																																	20
																																	10
																																	0

〔設問 2〕　作業用

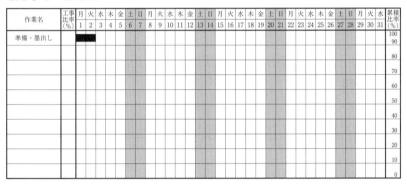

作業名	工事比率(%)	月1	火2	水3	木4	金5	土6	日7	月8	火9	水10	木11	金12	土13	日14	月15	火16	水17	木18	金19	土20	日21	月22	火23	水24	木25	金26	土27	日28	月29	火30	水31	累積比率(%)
準備・墨出し		■	■																														100 90
																																	80
																																	70
																																	60
																																	50
																																	40
																																	30
																																	20
																																	10
																																	0

〔設問 3〕　作業用

作業名	工事比率(%)	月1	火2	水3	木4	金5	土6	日7	月8	火9	水10	木11	金12	土13	日14	月15	火16	水17	木18	金19	土20	日21	月22	火23	水24	木25	金26	土27	日28	月29	火30	水31	累積比率(%)
準備・墨出し		■	■																														100 90
																																	80
																																	70
																																	60
																																	50
																																	40
																																	30
																																	20
																																	10
																																	0

【問題4】

〈解答欄〉

選択欄	

設問		解　答
設問1	(1)	日
	(2)	％
設問2	(3)	日
	(4)	日目
設問3	(5)	日目

解答 解説

〔設問1〕 (1)

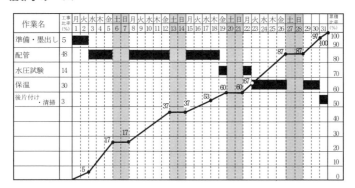

〔設問2〕 (3)バーチャート工程表の作成は採点対象外　ケース1

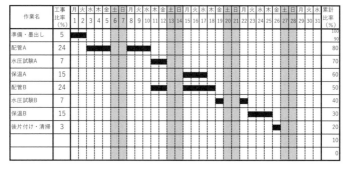

〔設問 2〕　(4)バーチャート工程表の作成は採点対象外　ケース 2

作業名	工事比率(%)	累計比率(%)
準備・墨出し	5	100 90
配管A	24	80
配管B	24	70
水圧試験A+B	14	60
保温A	15	50
保温B	15	40
後片付け・清掃	3	30
		20
		10
		0

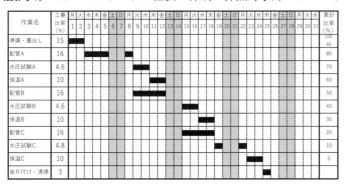

〔設問 3〕　(5)バーチャート工程表の作成は採点対象外　ケース 3

作業名	工事比率(%)	累計比率(%)
準備・墨出し	15	100 90
配管A	16	80
水圧試験A	4.6	70
保温A	10	60
配管B	16	50
水圧試験B	4.6	40
保温B	10	30
配管C	16	20
水圧試験C	4.8	10
保温C	10	0
後片付け・清掃	3	

〔設問 3〕　(5)バーチャート工程表の作成は採点対象外　ケース 4

作業名	工事比率(%)	累計比率(%)
準備・墨出し	5	100 90
配管A	16	80
配管B	16	70
水圧試験A+B	7	60
保温A	10	50
保温B	10	40
配管C	16	30
水圧試験C	7	20
保温C	10	10
後片付け・清掃	3	0

作業名	工事比率(%)	月1	火2	水3	木4	金5	土6	日7	月8	火9	水10	木11	金12	土13	日14	月15	火16	水17	木18	金19	土20	日21	月22	火23	水24	木25	金26	土27	日28	月29	火30	水31	累計比率(%)
準備・墨出し	5																																100
配管A	16																																90
水圧試験A	7																																80
保温A	10																																70
配管B	16																																60
配管C	16																																50
水圧試験B+C	7																																40
保温B	10																																30
保温C	10																																20
後片付け・清掃	3																																10

設問		解　答		補足説明
設問1	(1)	31	日	
	(2)	92	％	
設問2	(3)	26	日	（工期短縮後の全体工期）
	(4)	18	日目	（保温を土日以外で連続して実施する場合の作業開始日）
設問3	(5)	15	日目	

【問題5】 次の設問1及び設問2の答えを解答欄に記述しなさい。

〔設問1〕　建設工事現場における，労働安全衛生に関する文中，□□□内に当
てはまる「労働安全衛生法」に定められている語句又は数値を選択欄
から選択して解答欄に記入しなさい。

(1)　移動式クレーン検査証の有効期間は，原則として，□ A □年とする。た
だし，製造検査又は使用検査の結果により当該期間を□ A □年未満とする
ことができる。

(2)　事業者は，移動式クレーンを用いて作業を行うときは，□ B □に，その
移動式クレーン検査証を備え付けておかなければならない。

(3)　足場（一側足場，つり足場を除く。）における高さ2m以上の作業場に設
ける作業床の床材と建地との隙間は，原則として，□ C □cm未満とする。

(4)　事業者は，アーク溶接のアークその他強烈な光線を発散して危険のおそれ
のある場所については，原則として，これを区画し，かつ，適当な□ D □
を備えなければならない。

選択欄

> 1, 2, 3, 5, 10, 12,
> 現場事務所，当該移動式クレーン，保管場所，避難区画，休憩区画，保護具

〔設問2〕　小型ボイラーの設置に関する文中，□□□内に当てはまる「労働安
全衛生法」に定められている語句を解答欄に記述しなさい。

　事業者は，小型ボイラーを設置したときは，原則として，遅滞なく，小型ボ
イラー設置報告書に所定の構造図等を添えて，所轄□ E □長に提出しなけれ
ばならない。

【問題5】

〈解答欄〉

選択欄	

設問			語句又は数値
設問1	(1)	A	
	(2)	B	
	(3)	C	
	(4)	D	
設問2			語　句
	E		

解答　解説 ◆◆◆◆◆◆◆◆◆◆◆◆◆◆◆◆◆◆◆◆◆◆◆◆◆◆◆◆

【問題5】

設問			語句又は数値
設問1	(1)	A	2
	(2)	B	当該移動式クレーン
	(3)	C	12
	(4)	D	保護具
設問2			語　句
	E		労働基準監督署

問題 6 は必須問題です。**必ず解答してください。**解答は**解答欄**に記述してください。

【問題 6】あなたが経験した管工事のうちから，代表的な工事を 1 つ選び，次の設問 1～設問 3 の答えを解答欄に記述しなさい。

〔設問 1〕 その工事につき，次の事項について記述しなさい。
(1) 工事名〔例：◎◎ビル（◇◇邸）□□設備工事〕
(2) 工事場所〔例：◎◎県◇◇市〕
(3) 設備工事概要〔例：工事種目，工事内容，主要機器の能力・台数等〕
(4) 現場でのあなたの立場又は役割

〔設問 2〕 上記工事を施工するにあたり「**品質管理**」上，あなたが**特に重要と考えた事項**を解答欄の(1)に記述しなさい。
また，それについて**とった措置又は対策**を解答欄の(2)に簡潔に記述しなさい。

〔設問 3〕 上記工事を施工するにあたり「**安全管理**」上，あなたが特に重要と考えた事項を解答欄の(1)に記述しなさい。
また，それについて**とった措置又は対策**を解答欄の(2)に簡潔に記述しなさい。

※【問題6】の施工経験記述の出題テーマは，品質管理，工程管理，安全管理を中心に出題されます。事前に，**品質管理，工程管理，安全管理**の3つのテーマで準備しておけば，本試験に対応できます。何度も練習しておきましょう。

【問題6】
〈解答欄〉

〔設問1〕 その工事につき，次の事項について記述しなさい。

(1) 工事件名〔例：◎◎ビル（◇◇邸）□□設備工事〕

_____

(2) 工事場所〔例：◎◎県○◇◇市〕

_____

(3) 設備工事概要〔例：工事種目，工事内容，主要機器の能力・台数等〕

_____

(4) 現場でのあなたの立場又は役割

_____

〔設問2〕 上記工事を施工するにあたり，「品質管理」上，あなたが**特に重要と考えた事項**を解答欄の(1)に記述しなさい。
また，それについて**とった措置又は対策**を解答欄の(2)に簡潔に記述しなさい。

(1) 特に重要と考えた事項

_____

_____

(2) とった措置又は対策

_____

_____

〔設問3〕　上記工事を施工するにあたり，「**安全管理**」上，あなたが**特に重要と考えた事項**を解答欄の(1)に記述しなさい。
　　　　また，それについて**とった措置又は対策**を解答欄の(2)に簡潔に記述しなさい。

(1)　特に重要と考えた事項

_____

_____

_____

(2)　とった措置又は対策

_____

_____

_____

解答例は p.334，p.335 にあります。

問題1は必須問題です。**必ず解答してください。**解答は**解答欄**に記述してください。

【問題1】 次の設問1及び設問2の答えを解答欄に記述しなさい。

〔設問1〕　(1)に示すテーパねじ用リングゲージを用いた加工ねじの検査において，ねじ径が合格となる場合の**加工ねじの管端面の位置**について記述しなさい。

(1)　加工ねじとテーパねじ用リングゲージ

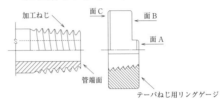

〔設問2〕　(2)～(5)に示す各図について，**適切でない部分の理由又は改善策**を具体的かつ簡潔に記述しなさい。

(2)　送風機吐出側ダクト施工要領図

(3)　保温施工のテープ巻き要領図

(4)　汚水桝平面図

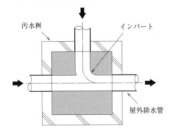

(5)　水飲み器の間接排水要領図

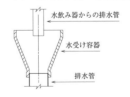

【問題1】

〈解答欄〉

設問1	加工ねじの管端面の位置
(1)	
設問2	適切でない部分の理由又は改善策
(2)	
(3)	
(4)	
(5)	

 解答 解説

【問題1】

設問1	加工ねじの管端面の位置
(1)	テーパねじの加工では，管端面がゲージの切欠きの範囲内（面Aと面Bの間）になければならない。
設問2	適切でない部分の理由又は改善策
(2)	ダクトの曲がり方向が送風機回転方向に対して逆向きであるので，送風機の向きを変える。又はコーナー部分にガイドベーンを設ける。
(3)	管の防露被覆のため，立て管の保温筒のテープ巻きは配管の下方より上方に巻き上げる。
(4)	活水流入後のインバート交差部がT字形（90°）の角度となっており，円滑に流れるよう交差部を中心交角45°で滑らかに合流させる。
(5)	水飲み器からの排水管（間接排水管）は管端から水受け容器のあふれ縁までの垂直距離である排水口空間150 mm以上を確保する。

第二次検定対策の第11章

問題2と問題3の2問題のうちから1問題を選択し，解答は**解答欄**に記述してください。選択した問題は，解答欄の**選択欄**に○印を記入してください。

※問題文が短いので【問題2】と【問題3】の解答欄と解説・解答はまとめてあります。

【問題2】換気設備のダクト及びダクト付属品を施工する場合の留意事項を解答欄に具体的かつ簡潔に記述しなさい。記述する留意事項は，次の(1)〜(4)とし，工程管理及び安全管理に関する事項は除く。

(1) コーナーボルト工法ダクトの接合に関し留意する事項
(2) ダクトの拡大・縮小部又は曲がり部の施工に関し留意する事項
(3) 風量調整ダンパの取り付けに関し留意する事項
(4) 吹出口，吸込口を天井面又は壁面に取り付ける場合に留意する事項

【問題3】車いす使用者用洗面器を軽量鉄骨ボード壁（乾式工法）に取り付ける場合の留意事項を解答欄に具体的かつ簡潔に記述しなさい。記述する留意事項は，次の(1)〜(4)とし，工程管理及び安全管理に関する事項は除く。

(1) 洗面器の設置高さに関し留意する事項
(2) 洗面器の取り付けに関し留意する事項
(3) 洗面器と給排水管との接続に関し留意する事項
(4) 洗面器設置後の器具の調整に関し留意する事項

【問題 2】

選択欄 [   ]

〈解答欄〉

	留意事項
(1)	
(2)	
(3)	
(4)	

【問題 3】

選択欄 [   ]

〈解答欄〉

	留意事項
(1)	
(2)	
(3)	
(4)	

解答 解説 ━━━

【問題2】

	留意事項
(1)	・空気漏れ防止を図るためには，コーナーピースの取付けにゆるみがあってはならないので，据付け後に泡試験を行う。 ・気密維持を確保するため，フランジ押え金具は再使用してはならない。
(2)	・圧力損失を抑えるためのダクトの拡大・縮小では，拡大部は15°以下縮小部は30°以下とするのが望ましい。 ・ダクトの曲がり部は長方形ダクトではエルボの内側半径が風道の半径方向の幅の1／2以上とする（円形ダクトでは直径の1／2以上）。
(3)	・送風機直後は気流の乱れが大きいため，ボリュームダンパは安定するところまで離して取付ける。 ・ダクトの曲がり部分では，偏流が生じやすいため風道幅（W）の8倍以上離してボリュームダンパを取付けさせる。
(4)	・天井面では吹出気流や騒音を考慮し，シャッターの開口向き（ダクト気流と逆向き）に注意して取付ける。 ・壁面では，誘引性，上下の気流分布に注意し，特に吸込口の設置場所は吹出口気流分布に大きく影響を及ぼすので注意する。

【問題3】

	留意事項
(1)	・床面からの取付け高さは，健常者では750 mm に洗面器取付けが標準になるので，車いす仕様で700〜750 mm に取付けることに留意する。 ・洗面器はカウンター一式とし，床面からカウンター下部までは680 mm 程度を確保し，車いす利用者がひざより下が入るように設置する。
(2)	・軽量鉄骨ボード壁に洗面器を取付ける場合は，アングル加工材又は当て木などあらかじめ取付けておく。 ・所定の位置及び高さにブランケット又はバックハンガーを堅固に取付ける。
(3)	・排水トラップとの接続に鋼管又は塩化ビニル管を使用する場合は，専用のアダプターを使用する。 ・給水配管用フレキシブルホースを使用する場合は，継手取付け部から急な角度で曲げることを避け，折れ曲がらないように注意する。
(4)	・水栓器具は光感知式，又はレバー式で設置しているので，特に光感知式での調整はオートストップ機能等を複数回実施することに留意する。 ・カウンター上面が水平でがたつきのないことを確認する。

問題4と問題5の2問題のうちから1問題を選択し，解答は**解答欄**に記述してください。選択した問題は，解答欄の**選択欄**に○印を記入してください。

【問題4】 建物の新築工事において，空調設備工事及び衛生設備工事の作業が下記の表及び施工条件のとおりのとき，次の設問1〜設問5の答えを解答欄に記述しなさい。

空調設備工事			衛生設備工事		
作業名	作業日数	工事比率	作業名	作業日数	工事比率
準備・墨出し	1日	2 %	準備・墨出し	2日	2 %
天井内機器設置	3日	18 %	仕上げ面への器具取付け	3日	12 %
仕上げ面への器具取付け	3日	9 %	配管	5日	15 %
配管	4日	12 %	保温	2日	8 %
気密試験	2日	6 %	水圧試験	2日	6 %
試運転調整	3日	6 %	試運転調整	1日	4 %

〔施工条件〕
① 空調設備工事と衛生設備工事は，並行作業とする。
② 衛生設備工事の準備・墨出し作業は工事の初日に開始し，空調設備工事の準備・墨出し作業は工事3日目に開始する。
③ 空調設備工事の各作業は，相互に並行作業しないものとする。
④ 衛生設備工事の各作業は，相互に並行作業しないものとする。
⑤ 各作業は，着手可能な最早で開始し，最早で完了させるものとする。
⑥ 仕上げ面への器具取付けは，建築仕上げ工事の後続作業とする。
⑦ 建築仕上げ工事は，3日を要するものとし，空調設備工事，衛生設備工事のいずれとも並行作業しないものとする。
⑧ 土曜日，日曜日は，現場での作業を行わないものとする。

〔設問1〕 バーチャート工程表の作業名欄の上欄から作業順に作業名を記入しなさい。また，工事比率欄に当該作業の工事比率を記入しなさい。

〔設問2〕 バーチャート工程表を完成させなさい。ただし，建築仕上げ工事は，日数のみを確保し，作業名欄には記入しない。

〔設問 3〕 空調設備工事と衛生設備工事の出来高（%）を合計した累積出来高曲線を記入しなさい。また，各作業の完了日ごとに合計の累積出来高の数字（%）を累積出来高曲線の直近に記入しなさい。ただし，各作業の出来高は，作業日数内において均等とする。

〔設問 4〕 衛生設備工事の配管作業の完了が 2 日遅れた場合，空調設備工事を含む設備工事全体の完了の遅れは何日になるか記入しなさい。

〔設問 5〕 空調設備工事の準備・墨出し作業を，衛生設備工事の準備・墨出し作業と同様に，工事の初日に開始した場合，衛生設備工事を含む設備工事全体の完了は，当初の予定より土曜日，日曜日を含め何日早くなるか記入しなさい。

【問題 4】

選択欄	

〈解答欄〉

	解 答
設問 1 設問 2 設問 3	（下表）

工事種別	作業名	工事比率(%)	月	火	水	木	金	土	日	月	火	水	木	金	土	日	月	火	水	木	金	土	日	月	火	水	木	金	土	日	月	火	累積比率(%)
			1	2	3	4	5	6	7	8	9	10	11	12	13	14	15	16	17	18	19	20	21	22	23	24	25	26	27	28	29	30	
空調設備工事	準備・墨出し																																100
	天井内機器設置																																90
																																	80
																																	70
																																	60
	試運転調整																																50
衛生設備工事	準備・墨出し																																40
																																	30
																																	20
																																	10
			0		2																												0
	試運転調整																																

設問 4	日
設問 5	日

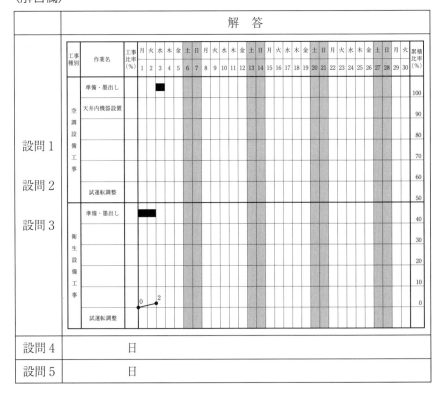

解答 解説 ━━━

【問題4】

	解　答
設問 1 設問 2 設問 3	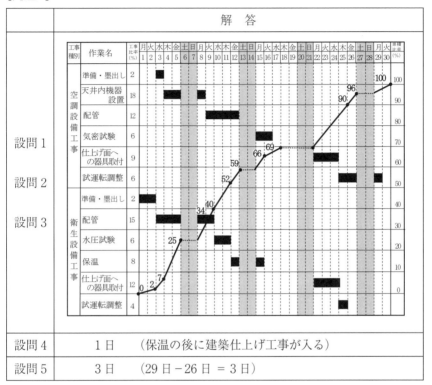
設問 4	1 日　（保温の後に建築仕上げ工事が入る）
設問 5	3 日　（29 日 − 26 日 ＝ 3 日）

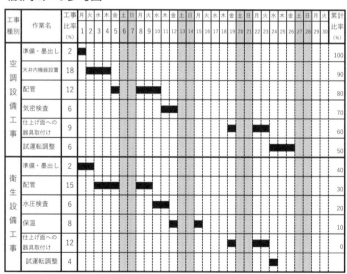

〔設問4〕の参考図

工事種別	作業名	工事比率(%)	累計比率(%)
空調設備工事	準備・墨出し	2	100
	天井内機器設置	18	90
	配管	12	80
	気密検査	6	70
	仕上げ面への器具取付け	9	60
	試運転調整	6	50
衛生設備工事	準備・墨出し	2	40
	配管	15	30
	水圧検査	6	20
	保温	8	10
	仕上げ面への器具取付け	12	0
	試運転調整	4	

〔設問5〕の参考図

工事種別	作業名	工事比率(%)	累計比率(%)
空調設備工事	準備・墨出し	2	100
	天井内機器設置	18	90
	配管	12	80
	気密検査	6	70
	仕上げ面への器具取付け	9	60
	試運転調整	6	50
衛生設備工事	準備・墨出し	2	40
	配管	15	30
	水圧検査	6	20
	保温	8	10
	仕上げ面への器具取付け	12	0
	試運転調整	4	

【問題5】 次の設問1及び設問2の答えを解答欄に記述しなさい。

〔設問1〕 建設工事現場における，労働安全衛生に関する文中，￼内に当てはまる「労働安全衛生法」に**定められている語句又は数値**を選択欄から選択して解答欄に記入しなさい。

(1) 脚立については，脚と水平面との角度を ￼ A ￼ 度以下とし，かつ，折りたたみ式のものにあっては，脚と水平面との角度を確実に保つための金具等を備えなければならない。

(2) 架設通路の勾配は，階段を設けたもの又は高さが2メートル未満で丈夫な手掛を設けたものを除き， ￼ B ￼ 度以下にしなければならない。また，勾配が ￼ B ￼ 度を超えるものには，踏桟その他の滑止めを設けなければならない。

(3) 事業者は，高さが5メートル以上の構造の足場の組立ての作業については，当該作業の区分に応じて， ￼ D ￼ を選任しなければならない。

選択欄

```
15, 20, 30, 45, 60, 75, 80,
安全衛生推進者, 作業主任者, 専門技術者
```

〔設問2〕 建設工事現場における，労働安全衛生に関する文中，￼内に当てはまる「労働安全衛生法」に**定められている語句**を解答欄に記述しなさい。

(4) 事業者は，つり上げ荷重が1トン未満の移動式クレーンの運転（道路上を走行させる運転を除く。）の業務に労働者を就かせるときは，当該労働者に対し，当該業務に関する安全のための ￼ E ￼ を行わなければならない。

【問題 5】

選択欄	

〈解答欄〉

設問 1		語句又は数値
(1)	A	
(2)	B	
	C	
(3)	D	
設問 2		語　句
(4)	E	

解答　解説 ∙∙

【問題 5】

設問 1		語句又は数値
(1)	A	75
(2)	B	30
	C	15
(3)	D	作業主任者
設問 2		語　句
(4)	E	特別の教育

問題6は必須問題です。**必ず解答してください。**解答は**解答欄**に記述してください。

【問題6】 あなたが経験した管工事のうちから，代表的な工事を1つ選び，次の設問1～設問3の答えを解答欄に記述しなさい。

〔設問1〕 その工事につき，次の事項について記述しなさい。
(1) 工事名〔例：◎◎ビル（◇◇邸）□□設備工事〕
(2) 工事場所〔例：◎◎県◇◇市〕
(3) 設備工事概要〔例：工事種目，工事内容，主要機器の能力・台数等〕
(4) 現場でのあなたの立場又は役割

〔設問2〕 上記工事を施工するにあたり「品質管理」上，あなたが**特に重要と考えた事項**をあげ，それについて**とった措置又は対策**を簡潔に記述しなさい。

〔設問3〕 上記工事を施工するにあたり「工程管理」上，あなたが**特に重要と考えた事項**をあげ，それについて**とった措置又は対策**を簡潔に記述しなさい。

※【問題6】の施工経験記述の出題テーマは，品質管理，工程管理，安全管理を中心に出題されます。事前に，**品質管理，工程管理，安全管理**の3つのテーマで準備しておけば，本試験に対応できます。何度も練習しておきましょう。

【問題6】

〈解答欄〉

〔設問1〕　その工事につき，次の事項について記述しなさい。
(1)　工事件名〔例：◎◎ビル（◇◇邸）□□設備工事〕

_____

(2)　工事場所〔例：◎◎県○◇◇市〕

_____

(3)　設備工事概要〔例：工事種目，工事内容，主要機器の能力・台数等〕

_____

(4)　現場でのあなたの立場又は役割

_____

〔設問2〕　上記工事を施工するにあたり，**「工程管理」**上，あなたが**特に重要と考えた事項**を解答欄の(1)に記述しなさい。
　　　　　また，それについて**とった措置又は対策**を解答欄の(2)に簡潔に記述しなさい。
(1)　特に重要と考えた事項

_____

_____

_____

(2)　とった措置又は対策

_____

_____

_____

〔設問3〕 上記工事を施工するにあたり，「**安全管理**」上，あなたが**特に重要**
と考えた事項を解答欄の(1)に記述しなさい。
また，それについて**とった措置又は対策**を解答欄の(2)に簡潔に記述し
なさい。

(1) 特に重要と考えた事項

_____

_____

_____

(2) とった措置又は対策

_____

_____

_____

解答例は p.334，p.335 にあります。

著者略歴

種子永修一（たねながしゅういち）

1954年　　和歌山市生まれ

所持免状　　給水装置工事主任者

　　　　　　1級管工事施工管理技士

　　　　　　1級電気工事施工管理技士

　　　　　　1級建築施工管理技士

　　　　　　1級土木施工管理技士

　　　　　　1級造園施工管理技士

　　　　　　宅地建物取引主任者

　　　　　　特殊建築物等調査資格者

　　　　　　その他

●法改正・正誤などの情報は，当社ウェブサイトで公開しております。
http://www.kobunsha.org/
●本書の内容に関して，万一ご不審な点や誤り，記載漏れなどお気付きの点がありましたら，郵送・FAX・Eメールのいずれかの方法で当社編集部宛に，書籍名・お名前・ご住所・お電話番号を明記し，お問い合わせください。なお，お電話によるお問い合わせはお受けしておりません。
郵送　〒546-0012　大阪府大阪市東住吉区中野2-1-27
FAX　(06)6702-4732
Eメール　henshu2@kobunsha.org
●本書の内容に関して運用した結果の影響については，上項に関わらず責任を負いかねる場合がございます。本書の内容に関するお問い合わせは，試験日の10日前必着とさせていただきます。

よくわかる！2級管工事施工管理技術検定試験　一次・二次

編　　　著　　　種子永　修　一
印刷・製本　　　亜細亜印刷株式会社

発　行　所　株式会社　弘　文　社　　　〒546-0012　大阪市東住吉区
　　　　　　　　　　　　　　　　　　　　中野2丁目1番27号
　　　　　　　　　　　　　　　　　☎　　(06)6797-7 4 4 1
　　　　　　　　　　　　　　　　　FAX　(06)6702-4 7 3 2
　　　　　　　　　　　　　　　　　振替口座　00940-2-43630
代　表　者　　　岡﨑　　靖　　　　　東住吉郵便局私書箱1号

落丁・乱丁本はお取り替えいたします。